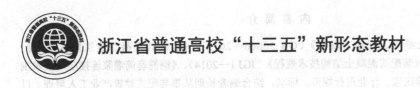

浙江省普通高校"十三五"新形态教材

装配式建筑施工技术

徐　滨　蒋晓燕　杜国平　主　编
孔爱散　杨震樱　丁　立
王　磊　张彩飞　余亚超　副主编

電子工業出版社
Publishing House of Electronics Industry
北京•BEIJING

内容简介

本书依据《混凝土结构工程施工规范》（GB 50666—2011）、《装配式混凝土建筑技术标准》（GB/T 51231—2016）、《装配式混凝土结构技术规程》（JGJ 1—2014）、《钢筋套筒灌浆连接应用技术规程》（JGJ 355—2015）等国家、行业现行规范、标准，结合编者长期从事装配式建筑产业工人培训，以及各级装配式建筑职业技能竞赛裁判、指导工作所积累的相关经验进行编写。全书图文并茂，内容翔实，且具有较强的针对性，重点突出了装配式结构吊装、连接等施工技术，对相关施工工艺的阐述具有明晰、严谨、实用、适用的特点，并具有一定的代表性和先进性。

全书共 10 章，包括装配式建筑概述、施工机械设备设施、施工准备、预制构件进场验收、预制构件的运输与堆放、预制构件安装施工、套筒灌浆连接施工、质量验收、铝合金模板施工、外墙拼缝打胶施工的相关内容。

本书可作为高等职业教育土木类相关专业的教材，也可供工程技术人员参考。为便于教学，本书配有视频资源。

图书在版编目（CIP）数据

装配式建筑施工技术 / 徐滨，蒋晓燕，杜国平主编. —北京：电子工业出版社，2021.12

ISBN 978-7-121-37927-7

Ⅰ. ①装… Ⅱ. ①徐… ②蒋… ③杜… Ⅲ. ①装配式构件－建筑施工 Ⅳ. ①TU3

中国版本图书馆 CIP 数据核字（2021）第 264667 号

责任编辑：郭乃明　　　特约编辑：田学清
印　　刷：北京七彩京通数码快印有限公司
装　　订：北京七彩京通数码快印有限公司
出版发行：电子工业出版社
　　　　　北京市海淀区万寿路 173 信箱　　邮编：100036
开　　本：787×1092　1/16　印张：11.75　字数：221.5 千字
版　　次：2021 年 12 月第 1 版
印　　次：2024 年 8 月第 5 次印刷
定　　价：39.00 元

凡所购买电子工业出版社图书有缺损问题，请向购买书店调换。若书店售缺，请与本社发行部联系，联系及邮购电话：（010）88254888，88258888。

质量投诉请发邮件至 zlts@phei.com.cn，盗版侵权举报请发邮件到 dbqq@phei.com.cn。

本书咨询联系方式：guonm@phei.com.cn，QQ34825072。

前　言

混凝土结构的传统建造方式以湿作业为主，施工需要耗费大量木模，现场粗犷式的作业方式也会造成水、电资源的浪费及环境的污染。同时，现场需要投入大量人员参与施工，劳动力的密集不但会造成用人成本的增加，而且现场安全事故，特别是群死群伤事故发生的概率也会攀升。

在上述背景下，作为我国国民经济重要支柱之一的建筑业，必须寻求产业现代化转型升级，将劳动力密集型的手工作业方式转变为技术集成型的规模化生产方式，以标准化设计、工厂化生产、装配化施工、一体化装修、信息化管理等手段不断提高建筑产品（部件）的质量，从根本上解决人力资源紧缺的问题，降低人工成本，实现节能、环保、安全、高效的目标。

大力推广装配式建筑是目前实现建筑产业现代化的重要一环。近几年，我国大力推广装配式建筑，各级政府相继出台了一系列政策予以扶持。

装配式建筑的大量涌现造成了相关产业人才的严重短缺，虽然近两年各职业院校相继开设了装配式建筑相关专业或课程，但始终缺少合适的配套教材，给人才培养带来一定的困难。本书就是在上述背景下进行编写的。

本书编写团队教师除参与装配式建筑施工教学任务外，还常年主持或参与装配式建筑产业工人的培训、考核和鉴定工作，以及各级装配式建筑职业级技能竞赛项目的组织、裁判工作，同时通过校企合作，积极参与实际装配式建筑施工项目的技术咨询服务工作，积累了大量的实践经验，并将积累的相关经验、资源等深度融合在书中，具有较强的实用性和适用性。

本书以装配式建筑施工技术为主线，依据《混凝土结构工程施工规范》（GB 50666—2011）、《装配式混凝土建筑技术标准》（GB/T 51231—2016）、《装配式混凝土结构技术规程》（JGJ 1—2014）、《钢筋套筒灌浆连接应用技术规程》（JGJ 355—2015）等国家、行业现行规范、标准，系统地介绍了装配式建筑的相关概念，施工机械设备设施，施工准备，预制构件的进场验收、运输与堆放、安装施工，灌浆套筒连接施工，质量验收，铝合金模板施工，外墙拼缝打胶施工的相关内容，使读者能够了解装配式结构施工的基本流程及操作规范。

本书在编写我国装配式建筑的发展历程的相关内容时，参考了相关文献资料，并在参考文献中列出，在此表示感谢。

由于编者水平有限，书中难免存在不妥之处，衷心希望广大读者批评指正。

目　录

第 1 章　装配式建筑概述

1.1　装配式建筑（结构）的定义

1.1.1　装配式建筑

结构系统、外围护系统、设备与管线系统、内装系统的主要部分采用预制部品部件集成的建筑称为装配式建筑。

1.1.2　装配式混凝土结构

由预制混凝土构件通过可靠的连接方式装配而成的混凝土结构在结构工程中简称装配式结构，在建筑工程中简称装配式建筑。

1.1.3　装配整体式混凝土结构

由预制混凝土构件通过可靠的方式进行连接并与现场后浇混凝土、水泥基灌浆料形成整体的装配式混凝土结构简称装配整体式结构。

目前，我国的装配式建筑基本属于装配整体式混凝土结构。装配整体式混凝土结构的特征是预制构件之间（节点）采用现浇混凝土连接成整体，一般表现为混凝土后浇段、后浇带或叠合层具有一定的湿作业。

如图 1.1.3-1 所示，预制梁、柱节点处（节点核心区）需要浇筑混凝土，与预制梁顶部、预制楼板顶部的叠合层统一浇筑。

如图 1.1.3-2 所示，预制剪力墙之间（节点）需要通过浇筑混凝土竖向后浇段进行连接。

图 1.1.3-1　预制梁、柱节点

图 1.1.3-2　预制剪力墙节点

1.1.4　预制构件

在工厂或现场预先制作的混凝土构件简称预制构件。

这里的预制构件是指不在现场原位支模浇筑的构件，不仅包括在工厂制作的预制构件，还包括因体积或自重大，不方便运输或工厂不具备生产条件而又有必要采用装配式结构时，在现场制作的预制构件。图 1.1.4-1 展示的是在现场预制屋架并吊装。

图 1.1.4-1　在现场预制屋架并吊装

1.2 装配式建筑分类

按结构材料分，装配式建筑分为装配式混凝土结构（见图 1.2-1）、装配式钢结构（见图 1.2-2）、装配式木结构（见图 1.2-3）。本书所指装配式建筑均指装配式混凝土结构。

图 1.2-1　装配式混凝土结构

图 1.2-2　装配式钢结构

按结构类型分，装配式建筑分为框架结构、剪力墙结构、框架-现浇剪力墙结构、部分框支剪力墙结构及多层剪力墙结构。

（1）装配整体式混凝土框架结构：全部或部分框架梁、柱采用预制构件构建的装配整体式混凝土结构，简称装配整体式框架结构，如图 1.2-4 所示。

装配整体式框架结构体系

图 1.2-3　装配式木结构

图 1.2-4　装配整体式框架结构

根据国内外多年的研究成果，对于在地震区的装配整体式框架结构，当采取了可靠的节点连接方式和合理的构造措施后，装配整体式框架结构的性能可以等同于现浇混凝土框架结构的性能。因此，对于装配整体式框架结构，当节点及接缝采用适当的构造并满足规范要求时，可认为其性能与现浇结构的性能基本一致，其最大适用高度也与现浇结构的最大适用高度相同。如果装配整体式框架结构中的节点及接缝构造措施的性能达不到现浇结构的要求，则其最大适用高度应适当降低。

（2）装配整体式混凝土剪力墙结构：全部或部分剪力墙采用预制墙板构建的装配整体式混凝土结构，简称装配整体式剪力墙结构，如图 1.2-5 所示。

装配整体式剪力墙结构体系

图 1.2-5　装配整体式剪力墙结构

在装配整体式剪力墙结构中，墙体之间的接缝数量多且构造复杂，接缝的构造措施及施工质量对结构整体的抗震性能影响较大，使装配整体式剪力墙结构的抗震性能很难完全等同于现浇结构的抗震性能。世界各地对装配整体式剪力墙结构的研究少于对装配整体式框架结构的研究。近年来，我国对装配整体式剪力墙结构已进行了大量的研究工作，但由于工程实践的数量还偏少，所以相关规范对装配整体式剪力墙结构持从严要求的态度，与现浇结构相比，应适当降低其最大适用高度。

（3）装配整体式框架–现浇剪力墙结构：框架–剪力墙结构是目前我国广泛应用的一种结构体系；考虑到目前的研究基础，在装配整体式框架–剪力墙结构中，建议剪力墙采用现浇结构，以保证结构整体的抗震性能。在装配整体式框架–现浇剪力墙结构中，框架的性能与现浇框架的性能等同，因此，整体结构的适用高度与现浇的框架–剪力墙结构的适用高度相同。

（4）多层剪力墙结构（见图 1.2-6）：预制墙板间采用螺栓连接、钢锚环连接等机械连接方式的多层装配式混凝土结构，一般适用于6层及6层以下、建筑设防类别为丙类的结构，多用于我国中小城镇建设中的多层住宅建筑。

多层全装配式混凝土墙-板结构

图 1.2-6　多层剪力墙结构

1.3　我国装配式建筑的发展历程

20世纪五六十年代，我国主要从苏联（现以解体）等国家学习引入工业化建造方式。1956年，国务院发布了《关于加强和发展建筑工业的决定》，首次明确了建筑工业化的发展方向，全国各地预制构件厂如雨后春笋般出现，部分地区建造了一批装配式建筑项目。但到了20世纪六七十年代，受各种因素的影响，装配式建筑发展缓慢，基本处于停滞状态。

改革开放以后，在总结前20多年发展的基础上，又出现了新一轮发展装配式建筑的热潮，共编制了924册建筑通用标准图集（截至1983年），很多城市建设了一大批大板建筑（见图1.3-1）、砌块建筑及装配式工业厂房（见图1.3-2）。

从20世纪80年代末开始，我国装配式建筑的发展遇到了前所未有的低潮，结构设计中很少采用装配式体系，大量预制构件厂转产。装配式建筑存在的一些问题也开始显现，如防水、冷桥、隔声等关键技术问题未得到很好的解决；采用预制板的砖混结构房屋、预制装配式单层工业厂房等在地震中破坏严重，使人们对于装配式体系的抗震性能产生担忧。同时，现浇施工技术水平快速提升、廉价劳动力大量进入建筑行业，使得现浇施工方式成本下降、效率提升，导致一度红火的装配式建筑发展逐渐放缓。

图 1.3-1　大板建筑

图 1.3-2　装配式工业厂房

1999 年以后，国务院办公厅发布《关于推进住宅产业现代化提高住宅质量的若干意见》（国务院办公厅 72 号文件），明确了住宅产业现代化的发展目标、任务、措施等；原建设部（现为住房和城乡建设部）专门成立了住宅产业化促进中心，配合指导全国住宅产业化工作，装配式建筑发展进入一个新的阶段。但总体来说，在 21 世纪的前 10 年，其发展相对缓慢。

从“十二五”规划开始，特别是最近两三年来，在各级领导的高度重视下，装配式建筑呈现出快速发展的局面，突出表现为以产业化试点城市为代表的地方纷纷出台了一系列的技术与经济政策，制定了明确的发展规划和目标，涌现了大量龙头企业，建设了一批装配式建筑试点示范项目。

到 2015 年年底，全国大部分省市明确了推进装配式建筑发展的职能机构，在国家住宅产业化综合试点示范城市的带动下，有 30 多个省级、市级政府出台了相关的指导意见，在土地、财税、金融、规划等方面进行了卓有成效的政策探索和创新。

随着各类技术体系的逐步完善，以及相关标准规范的陆续出台，初步建立了装配式建筑结构体系、部品体系和技术保障体系，为装配式建筑的进一步发展提供了一定的技术支撑。同时，供给能力不断增强，各地涌现了一批以国家住宅产业化基地为代表的龙头企业，并带动整个建筑行业积极探索和转型发展。装配式建筑设计、部品和构配件的生产与运输、施工及配套等能力不断提升。

以试点示范城市和项目为引导，部分地区呈现规模化发展态势。据统计，截至 2020 年，全国新开工装配式建筑面积达 $6.3\times10^9m^2$，其中，装配式混凝土结构建筑有 $4.3\times10^9m^2$，钢结构建筑有 $1.9\times10^9m^2$。全国拥有预制混凝土构配件生产线 2483 条，设计产能 $1.62\times10^9m^3$；钢结构构件生产线 2548 条，设计产能 5423×10^4t（1t = 1000kg）。

1.4 装配式建筑评价标准

1.4.1 装配率

装配率是单体建筑室外地坪以上的主体结构、围护墙和内隔墙、装修和设备管线等采用预制部品部件的综合比例。

装配率应根据表 1.4.1-1 中的评价项分值按下式计算：

$$P=\frac{Q_1+Q_2+Q_3}{100-Q_4}\times100\%$$

式中，P——装配率；

Q_1——主体结构指标实际得分值；

Q_2——围护墙和内隔墙指标实际得分值；

Q_3——装修和设备管线指标实际得分值；

Q_4——评价项目中缺少的评价项分值总和。

表 1.4.1-1　装配式建筑评分表

评价项		评价要求	评价分值	最低分值
主体结构（50 分）	柱、支撑、承重墙、延性墙板等竖向构件	35%≤比例≤80%	20～30*	20
	梁、板、楼梯、阳台板、空调板等构件	70%≤比例≤80%	10～20*	
围护墙和内隔墙（20 分）	非承重围护墙非砌筑	比例≥80%	5	10
	围护墙与保温、隔热、装修一体化	50%≤比例≤80%	2～5*	
	内隔墙非砌筑	比例≥50%	5	
	内隔墙与管线、装修一体化	50%≤比例≤80%	2～5*	
装修和设备管线（30 分）	全装修	—	6	6
	干式工法楼面、地面	比例≥70%	6	—
	集成厨房	70%≤比例≤90%	3～6*	
	集成卫生间	70%≤比例≤90%	3～6*	
	管线分离	50%≤比例≤70%	4～6*	

注：表中带“*”项的分值采用“内插法”计算，计算结果取小数点后 1 位。

1.4.2　全装修

全装修是指建筑功能空间的固定面装修和设备设施安装全部完成，达到建筑使用功能和性能的基本要求，如图 1.4.2-1 所示（注意与精装修的区别，如图 1.4.2-2 所示）。

图 1.4.2-1　全装修

图 1.4.2-2　精装修

1.4.3　集成厨房

集成厨房是指地面、吊顶、墙面、橱柜、厨房设备及管线等通过设计集成、工厂生产，在施工现场主要采用干式工法装配而成的厨房。

1.4.4　集成卫生间

集成卫生间是指地面、吊顶、墙面和洁具设备及管线等通过设计集成、工厂生产，在施工现场主要采用干式工法装配而成的卫生间。

1.4.5　装配化装修

装配化装修是装配式建筑的倡导方向。装配化装修是将工厂生产的部品部件在现场进行组合安装的装修方式，主要包括干式工法楼（地）面、集成厨房、集成卫生间、管线分离等方面的内容。

1.4.6　装配式建筑评价要求

（1）主体结构部分的评价分值不低于 20 分。

（2）围护墙和内隔墙部分的评价分值不低于 10 分。

（3）采用全装修。

（4）装配率不低于 50%。

1.4.7　装配式建筑评价阶段

（1）设计阶段宜进行预评价，并应按设计文件计算装配率。

（2）项目评价应在项目竣工验收后进行，并应按竣工验收资料计算装配率、确定评价等级。

《装配式建筑评价标准》（GB/T 51129—2017）是装配式建筑评价的依据，该标准颁布后，各省陆续发布了地方标准，在国家标准的基础上提出了符合地方特色的要求。

本章复习题

1．填空题

（1）由预制混凝土构件通过可靠的方式进行连接并与现场后浇混凝土、水泥基灌浆料形成整体的结构称为＿＿＿＿＿＿。

（2）预制构件可以在＿＿＿＿＿＿或＿＿＿＿＿＿制作。

（3）装配式建筑按照材料构成可分为＿＿＿＿＿＿、＿＿＿＿＿＿、＿＿＿＿＿＿。

（4）＿＿＿＿＿＿的最大适用高度与现浇结构的最大适用高度相同。

（5）在装配整体式框架结构中，主体预制构件为预制梁和预制板，如果两种预制构件的应用比例为 65%，则该工程的主体结构评价分值为＿＿＿＿＿＿。

（6）全装修是指建筑功能空间的＿＿＿＿＿＿和＿＿＿＿＿＿安装全部完成，达到建筑使用功能和性能的基本要求。

2．思考题

（1）简述装配式结构相对于传统现浇结构的优点和缺点。

（2）结合自己家的装修经历，指出在一般住宅装修中，哪些项目属于干式工法施工，哪些项目属于湿式工法施工。

（3）通过网络等渠道了解自己家所在城市的政府部门对装配式建筑有何奖励推广政策。

第 2 章　施工机械设备设施

2.1　塔式起重机（塔吊）

吊装设备及选型

2.1.1　塔吊分类

（1）按有无塔帽：分为尖头塔吊（见图 2.1.1-1）、平头塔吊（见图 2.1.1-2）。由于取消了塔帽及拉杆，所以平头塔吊单元质量小，构造简单，方便安装及拆卸。不设塔帽及拉杆能有效降低临近塔吊的安装高度，更适合群塔交叉作业。

图 2.1.1-1　尖头塔吊（有塔帽）

图 2.1.1-2　平头塔吊（无塔帽）

（2）按变幅方式：分为俯仰变幅式塔吊（动臂式塔吊）、小车变幅式塔吊（平臂式塔吊）。

平臂式塔吊是通过变幅小车实现变幅的，而动臂式塔吊则是通过改变吊臂的仰角实现变幅的。

动臂式塔吊的吊臂起伏角度大，吊臂的大仰角相当于增加了塔身的高度，拓宽了设备的能力和工作范围，特别是对有钢构吊装等高耸构件的吊装有重大意义。动臂式塔吊的尾部回转半径小，吊臂又可俯仰，为群塔作业、城市狭小作业空间施工提供了更多的便利，在城市中心区、超高层建筑工程施工中甚至是唯一的选择。动臂式塔吊起吊最小幅度被限制在最大幅度的 30%左右，不能完全靠近塔身。

图 2.1.1-1 和图 2.1.1-2 均为平臂式塔吊，图 2.1.1-3 为动臂式塔吊。

图 2.1.1-3　动臂式塔吊

（3）按升高方式：分为自升式塔吊和内爬式塔吊。

自升式塔吊用于普通工程，最为常见，通过顶升并增加标准节的方式升高，如图 2.1.1-4 所示。

内爬式塔吊的塔身高度一般是固定的，施工中不需要增加标准节，塔身附着在建筑结构上，随着建筑物施工高度的增加，通过整体爬升升高，如图 2.1.1-5 所示。施工结束后，可通过特设的屋面起重设备将塔吊解体运至地面。

内爬式塔吊设置在建筑物内部，不占用施工场地，适合于场地狭小的工程施工，由于一般布置在建筑物的中间位置（如核心筒、电梯井内），所以能对建筑物进行全覆盖，同时减小对周边环境的影响。

图 2.1.1-4　塔吊顶升加节

图 2.1.1-5　内爬式塔吊

（4）按基础形式：分为普通承台基础和格构式组合基础。

普通承台基础一般采用现浇钢筋混凝土，土质较好时可采用天然地基，此时承台底面尺寸需要做得足够大以满足地基承载力要求，也可根据地质条件，通过计算设置桩基。塔吊底部标准节与承台间可采用预埋螺栓固定，也可采用专用预埋节与承台混凝土浇筑在一起。

格构式组合基础由方形承台与4根钢格构柱组成，一般用于安装在深基坑范围内的塔吊基础。采用该类型基础，塔吊可以在基坑大面积土方开挖之前完成安装，能够在地下室结构施工时投入使用。

格构式组合基础承台一般位于开挖面以上，不需要开挖或浅开挖（2m以内）即可施工，为塔身安装提供工作面。钢格构柱在桩基施工时随灌注桩钢筋笼一起沉入基底，在基坑土方开挖过程中逐渐露出。

图2.1.1-6、图2.1.1-7均采用普通承台基础。其中，图2.1.1-6中的承台与塔吊预埋节浇筑在一起，待承台混凝土达到设计强度后，将塔身标准节与预埋节连接固定；在图2.1.1-7中，塔吊承台基础在安装钢筋时预埋地脚螺栓（图中设置了固定架以保证螺栓设计位置），承台混凝土浇筑并养护至设计强度后，将塔身标准节与预埋螺栓连接固定。

图2.1.1-6　塔吊普通承台基础1

图2.1.1-7　塔吊普通承台基础2

需要注意的是，在图2.1.1-6中，塔吊安装位置处于基坑范围内，塔吊承台基础四周应按结构设计要求预留甩筋，以便后期与地下室底板钢筋连接，保证地下室底板结构的完整性。

在图2.1.1-8中，塔吊的4根钢格构柱下需要设桩，一般为灌注桩，桩径宜为800mm，钢格构柱下端伸入灌注桩的锚固长度不宜小于2m。

图 2.1.1-8　塔吊格构式组合基础

2.1.2　塔吊型号

不同厂家的塔吊型号的表示方法不尽相同，下面以常见型号为例说明其编号含义。

对于型号 QTZ80（5513），其含义如下。

QTZ：上回转自升式塔吊。

80：额定起重力矩为 80t · m 或 800kN · m。

5513：表明该塔吊臂长为55m，起重臂最远端的起重量最大为1.3t。

2.1.3　常用塔吊参数

塔吊的技术参数很多，从塔吊选型、布置到吊装角度，需要重点了解以下参数。

（1）工作幅度：对于平臂式塔吊，工作幅度是指载重小车运行至离塔身最近及最远的距离范围；对于动臂式塔吊，工作幅度是指吊臂在最小及最大仰角时吊钩至机身的距离范围。塔吊的工作幅度关系到其工作覆盖范围。

例如，浙江省建设机械集团（以下简称“浙江建机集团”）生产的 QTZ80（ZJ5710）型塔吊的工作幅度为2.5～57m。

（2）独立高度：塔吊在不设附墙件时能够安装的最大高度。

例如，浙江建机集团生产的 QTZ80（ZJ5710）型塔吊的独立高度为40.5m。

（3）安装高度：对于平臂式塔吊，安装高度是指从基础面至吊钩（吊钩提升到最高处）的距离。在实际确定安装高度时，要考虑以下因素：吊物本身高度、吊索吊具高度、建筑物高度、外架顶部高度及必要的安全距离。

（4）额定起重力矩：表明塔吊在某个工作幅度时的最大起重量，数值上是这两者的乘积。

（5）起重臂最近、最远端起重量：塔吊工作幅度范围内能起吊的最大质量。

例如，浙江建机集团生产的 QTZ80（ZJ5710）型塔吊的工作幅度为 2.5～57m，吊钩在距离塔身 2.5m 处可起吊的最大质量为 6t，在距离塔身 57m 处可起吊的最大质量为 1t。

注意：对于吊梁、吊架等重型吊具，其自身质量也要考虑。

中联重工生产的 QT280 塔吊 56m 超重特性曲线如图 2.1.3-1 所示。

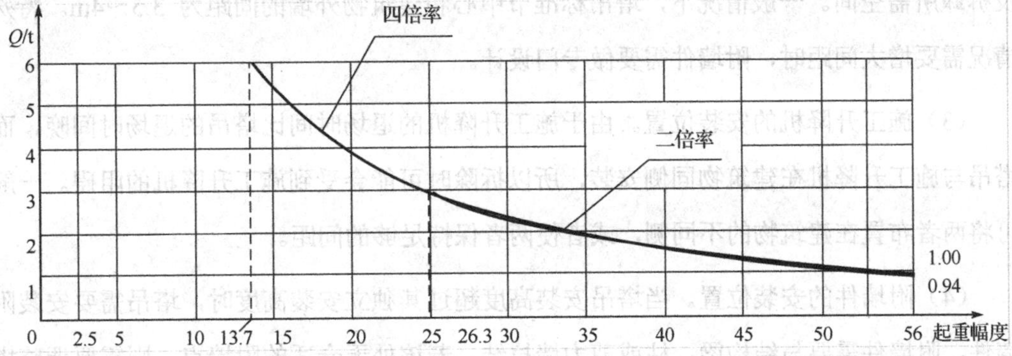

图 2.1.3-1　中联重工生产的 QTZ80 塔吊 56m 起重特性曲线

2.1.4 塔吊选型

塔吊型号的选择需要综合考虑以下因素。

（1）工程特点及周边环境。

（2）建筑结构类型及体量。

（3）预制构件的最大质量及安装位置。

（4）塔吊安装及拆除条件。

（5）塔吊拟采用的基础类型。

（6）塔吊租赁成本。

2.1.5 塔吊定位

塔吊定位是指塔吊基础的定位，塔吊基础的位置确定了，塔吊的安装位置就随之确定了。塔吊基础的定位需要综合考虑以下因素。

（1）塔吊作业覆盖面。塔吊作业半径能够覆盖施工面，减少二次搬运。吊臂最远端起重量能够满足预制构件的吊装要求，同时要考虑塔吊作业半径应尽量远离现场生活区及办公区。

（2）塔身和建筑物外墙的间距要满足塔吊说明书要求。塔身和建筑物外墙的间距与下列因素有关：塔吊厂家提供的标准附墙件安装长度、建筑物外架安装宽度、塔吊顶升及拆卸所需空间。一般情况下，塔吊标准节中心和建筑物外墙的间距为 3.5～4m。特殊情况需要增大间距时，附墙件需要做专门设计。

（3）施工升降机的安装位置。由于施工升降机的退场时间比塔吊的退场时间晚，而塔吊与施工升降机在建筑物同侧安装，所以拆除时可能会受到施工升降机的阻碍。一般可将两者布置在建筑物的不同侧，或者使两者保持足够的间距。

（4）附墙件的安装位置。当塔吊安装高度超过其独立安装高度时，塔吊需要安装附墙件，附墙件需要与结构梁、柱或剪力墙拉结。若该处无合适的附墙点，则需要调整塔吊位置。

（5）建筑物基础类型及与主体结构的关系。当建筑物设有地下室且地下室范围较大时，要使塔吊能够同时覆盖地下室及主楼施工，往往需要将塔吊定位在基坑范围内。当建筑物采用浅基础时，塔吊一般布置在建筑物基础范围之外。

（6）塔吊基础与建筑物基础的关系。塔吊的承台、桩基不应与建筑物的基础或桩基相冲突，塔吊基础尽量不与建筑物基础发生刚性连接。

（7）塔吊安装竖向空间是否有冲突。当塔吊安装在基坑范围内时，需要考虑塔身与地下室顶板框架梁是否冲突；或者当塔吊采用格构式组合基础时，需要考虑塔吊钢格构柱或塔身与基坑内的水平支撑是否冲突等。

2.2　流动式起重机

当现场布置塔吊不能完全覆盖工作面或塔吊起重能力在局部不能满足吊装要求时，可采用流动式起重机辅助。流动式起重机主要分为履带式起重机、汽车式起重机和轮胎式起重机，现场使用较多的是前两种，简称履带吊和汽车吊。

2.2.1　履带式起重机

履带式起重机（见图 2.2.1-1）的优点：可在一般道路上行走，有较强的起重能力和较快的工作速度，在平整、坚实的道路上还可以负载行驶。

履带式起重机的缺点：行走缓慢，履带对道路破坏性较大，且稳定性差。

图 2.2.1-1　履带式起重机

2.2.2　汽车式起重机

汽车式起重机（见图 2.2.2-1）的优点：属于全回转起重机，转移迅速，对路面损伤小。

汽车式起重机的缺点：吊重时需要使用支腿，因此不能负重行驶，也不能在松软或泥泞的地面上工作。

图 2.2.2-1　汽车式起重机

吊装用工具

2.3　吊具及附件

2.3.1　吊具

吊装用吊具应按国家现行有关标准的规定进行设计、验算或试验检验。

吊具应根据预制构件的形状、尺寸及质量等参数进行配置，吊索水平夹角不宜小于 60°，且不应小于 45°。对尺寸较大或形状复杂的预制构件，宜采用有分配梁或分配桁架的吊具。

吊具按其形式可分为点式吊具、梁式吊具（分配梁）、架式吊具（分配桁架）。

（1）点式吊具：由一根或多根吊索吊装同一构件，可用于柱子或小尺寸的梁、墙构件的吊装，当采用多根吊索时，也可吊装楼板、楼梯等平面构件，如图 2.3.1-1 所示。

（2）梁式吊具：由型钢制作的分配梁吊具，梁下设置多个吊点，适用于梁、墙板等线型构件的吊装，如图 2.3.1-2 所示。

（3）架式吊具：由型钢制作的分配桁架吊具，设置成组的多个吊点，适用于楼板、楼梯等平面构件的吊装，如图 2.3.1-3 所示。

图 2.3.1-1　点式吊具

图 2.3.1-2　梁式吊具

图 2.3.1-3　架式吊具

2.3.2 钢丝绳

钢丝绳是指由多层钢丝捻成股，再以绳芯为中心，由一定数量股捻绕成螺旋状的索具，如图 2.3.2-1 所示。在装配式建筑施工中，钢丝绳一般用于吊装。常用钢丝绳规格有 6×19、6×37 等，钢丝绳型号含义如图 2.3.2-2 所示。

图 2.3.2-1 钢丝绳

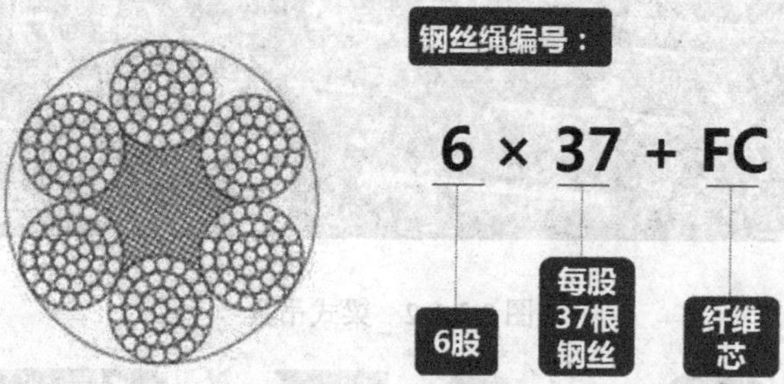

图 2.3.2-2 钢丝绳型号含义

（1）钢丝绳最小破断拉力计算。

钢丝绳最小破断拉力按下式计算：

$$F_0 = \frac{K' \cdot D^2 \cdot R_0}{1000}$$

式中，F_0——钢丝绳最小破断拉力，单位为 kN；

D——钢丝绳公称直径，单位为 mm；

R_0——钢丝绳级；

K'——给定某一类别钢丝绳的最小破断拉力系数，其值可查《钢丝绳通用技术条件》（GB/T 20118—2017）。

（2）钢丝绳的钢丝破断拉力总和。

钢丝最小破断拉力总和=钢丝绳最小破断拉力×转换系数。

对于 6×19、6×37 钢丝绳，其转换系数可查《钢丝绳通用技术条件》（GB/T 20118—2017）。

（3）钢丝绳容许拉力计算。

钢丝绳容许拉力可按下式计算：

$$[F_g] = \alpha F_g / K$$

式中，$[F_g]$——钢丝绳的容许拉力，单位为 kN；

F_g——钢丝绳的钢丝破断拉力总和，单位为 kN；

α——钢丝绳之间荷载不均匀系数，对于 6×19、6×37 钢丝绳，可分别取 0.85、0.82；

K——钢丝绳使用安全系数，K=6.00。

2.3.3　合成纤维吊装带

合成纤维吊装带一般采用高强力聚酯长丝制作，具有强度高、耐磨损、抗氧化、抗紫外线等多重优点，同时质地柔软、不导电、无腐蚀，如图 2.3.3-1 所示。

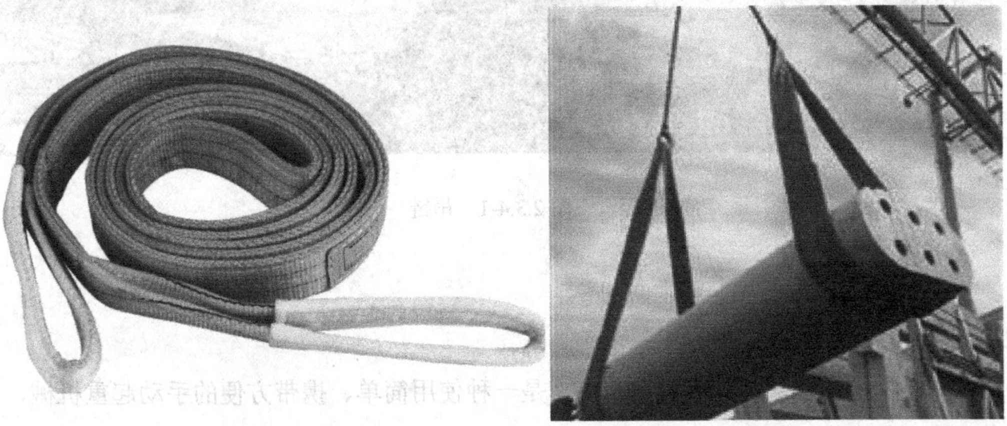

图 2.3.3-1　合成纤维吊装带

一般采用国际色标来区分吊装带的承载吨位，分紫色（1t）到橘红色（10t 及以上）等几个吨位，带体上设有荷载标识。

2.3.4 吊链

吊链一般作为索具，用于与预制构件的直接连接，如图 2.3.4-1 所示。

吊链的优点如下。

（1）挠性好，与预制构件连接较方便。

（2）变形小。当预制构件的重心与形心不重合时，由于构件的偏心导致吊索受力不均，弹性变形不一致。相比于钢丝绳，吊链的变形量较小，对保持预制构件的水平状态更有利。

吊链的缺点如下。

（1）由于有焊接点，所以有可能发生焊缝破坏情况，安全可靠性相比钢丝绳差。

（2）在同样载重量的情况下，其本身质量大于钢丝绳的质量。

（3）吊链在运动中经常产生滑移和摩擦，易磨损。

图 2.3.4-1　吊链

2.3.5 倒链

倒链又称神仙葫芦、手拉葫芦等，是一种使用简单、携带方便的手动起重机械，如图 2.3.5-1 所示。它适用于小型构件的短距离吊运，起重量一般不超过 10t，起重高度一般不超过 6m。倒链在向上提升重物时，顺时针拽动手拉链条，手链轮转动；下降时，逆时针拽动手拉链条。

倒链的应用如下。

（1）当异形构件的重心不在几何中心上时，起吊时容易偏心，可以在吊具上安装倒链，利用倒链调整构件姿态。

（2）构件就位时，若位置或标高需要调整，则可以利用倒链将构件需要调整的一边稍抬起，用撬棍配合纠正。

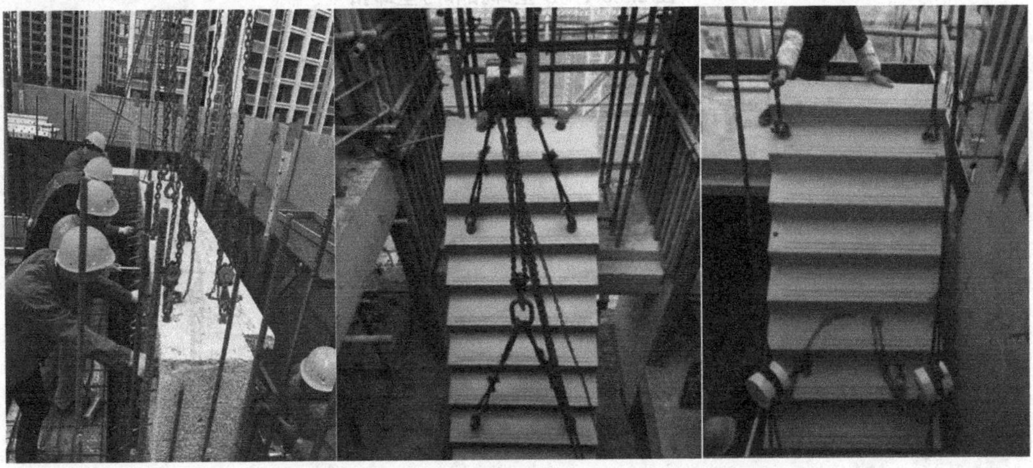

图 2.3.5-1　倒链

2.3.6　卸扣

卸扣是起重作业中用得最广泛的连接工具，在吊装中，主要用于经常安装和拆卸的连接部位。卸扣可用作索具末端配件，在吊装作业中直接与被吊物连接。当索具与吊装梁配合使用时，卸扣可于索具顶端代替吊环与横梁下部耳板连接，便于安装和拆卸。

卸扣由扣体和销轴两部分构成，销轴端部有螺纹与扣体环眼拧接固定。卸扣按外形可分为 D 型卸扣和弓型卸扣，如图 2.3.6-1 所示。

卸扣的使用应符合以下要求。

（1）卸扣的销轴在孔中应转动灵活，不得有卡阻现象。

（2）使用时不得超过规定的载荷，应使销轴与扣顶受力，侧向（横向）受力可能会造成扣体变形，如图 2.3.6-2 所示。

图 2.3.6-1　D 型卸扣和弓型卸扣

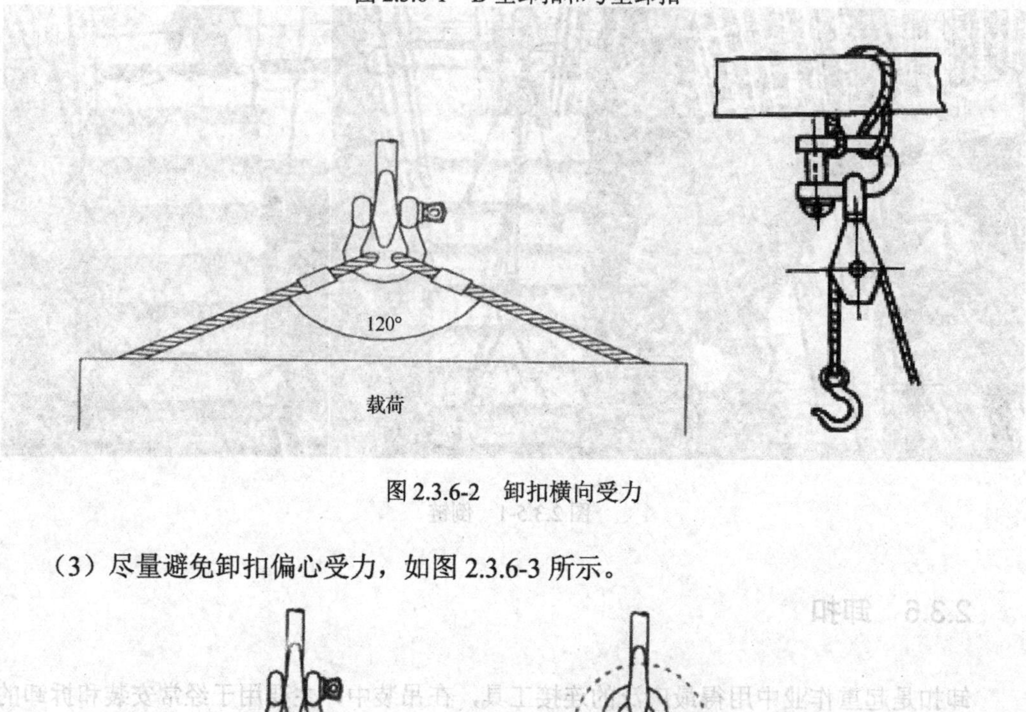

图 2.3.6-2　卸扣横向受力

（3）尽量避免卸扣偏心受力，如图 2.3.6-3 所示。

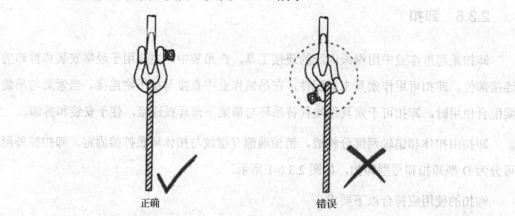

图 2.3.6-3　卸扣偏心受力

2.3.7　鸭嘴吊具

当预制构件吊点采用预埋吊钉时，需要采用配套的鸭嘴吊具进行吊装。如图 2.3.7-1 所示，鸭嘴吊具由吊板和鸭嘴扣球构成。其中，鸭嘴扣球底部开有卡槽以与吊钉连接，如图 2.3.7-2 所示。

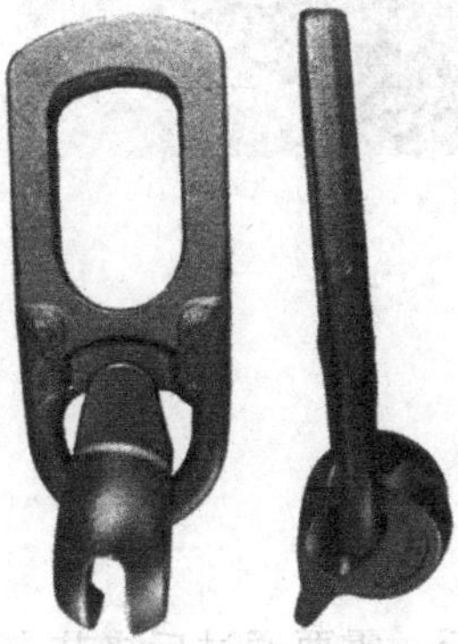

图 2.3.7-1　鸭嘴吊具

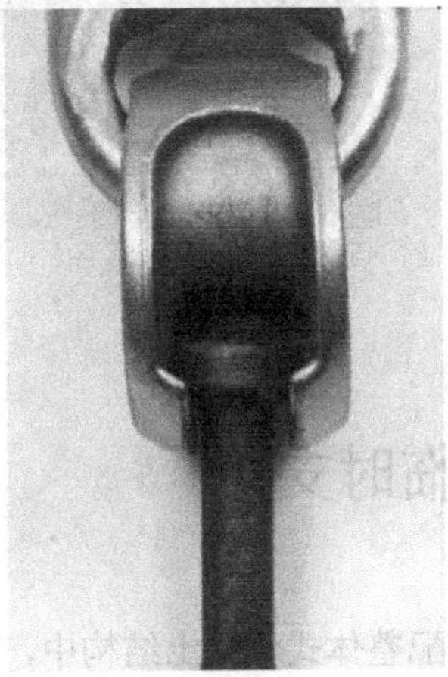

图 2.3.7-2　鸭嘴吊具与吊钉连接

鸭嘴吊具的安装步骤如图 2.3.7-3 所示。

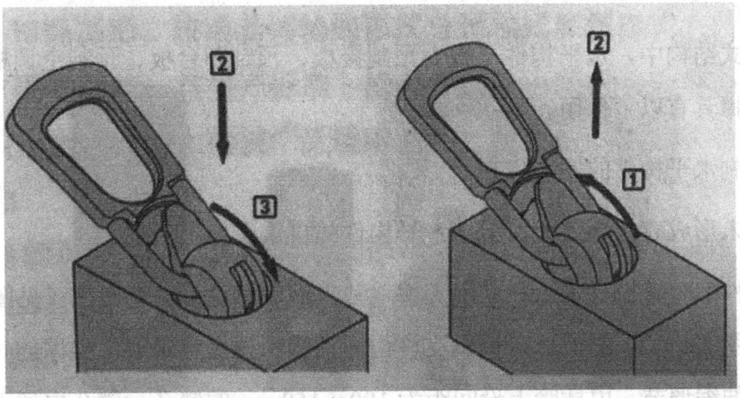

图 2.3.7-3　鸭嘴吊具的安装步骤

在使用鸭嘴吊具时，需要注意受力方向，否则鸭嘴扣球可能反转，造成脱钩，如图 2.3.7-4 所示。

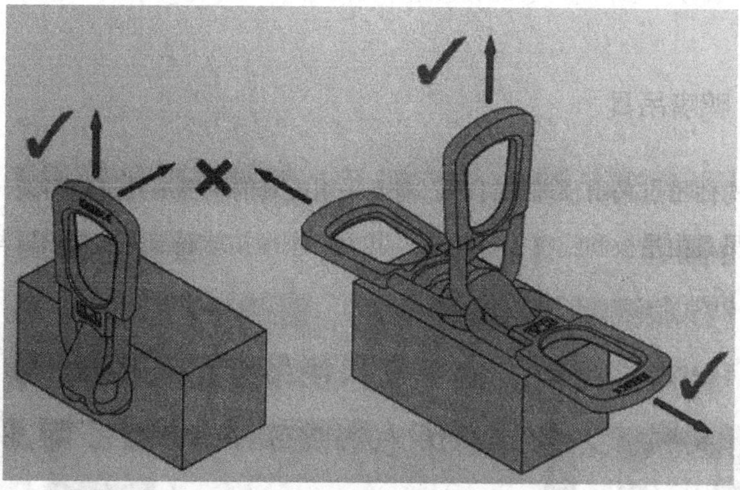

临时支撑

图 2.3.7-4　受力方向

2.4　临时支撑

在装配整体式混凝土结构中，预制构件吊装完成后，需要通过后浇节点或灌浆节点连接，在节点混凝土或灌浆料未达到设计强度前，预制构件的稳定性由临时支撑保证。

2.4.1　水平构件支撑

在装配式结构中，水平构件一般为预制楼板、预制阳台板、预制空调板等。为水平构件设置支撑具有以下作用。

（1）控制水平构件的安装标高。

（2）在未形成有效连接前，承担水平构件的自重及施工荷载。

水平构件临时支撑宜采用独立钢支撑，独立钢支撑由可调钢支柱（见图 2.4.1-1）和三脚架（见图 2.4.1-2）组成。可调钢支柱由内插管和外套管组成，支撑的长度通过内插管与外套管伸缩调节，内插管上设间距为 100～150mm 的销孔，销孔内插入直形钢插销或回形钢插销；外套管上端加工成螺纹或焊接螺纹管，并配环形螺母或管形螺母以进行支撑长度微调，可调节范围应至少比销孔间距大 50mm（包含 50mm），如图 2.4.1-1 所示。当支撑杆为单根管时，其上端或下端设丝杠以调节支撑长度。内插管顶部可设 U 型支撑头（见图 2.4.1-3）或四爪支撑头（见图 2.4.1-4）。

可调钢支柱下端焊有底板，底板尺寸≥120mm×120mm，板厚≥5mm。

对于独立支撑采用三脚架临时固定的工程，三脚架按独立支撑数量的 1/3 配置。层高 3.5m 以下的铝合金模板、钢（铝）框模板、组合式带肋塑料模板工程可不配三脚架。

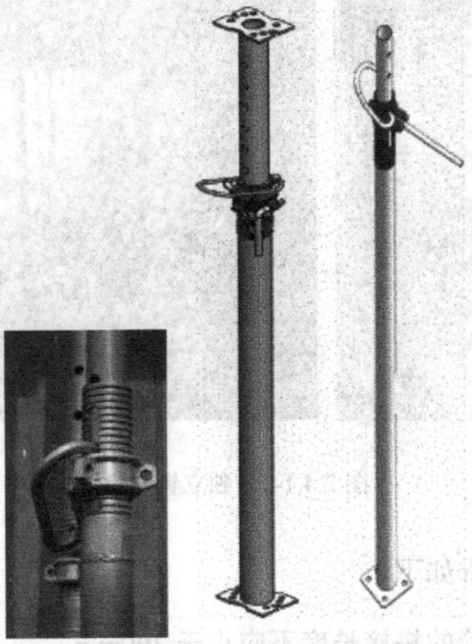

图 2.4.1-1　可调钢支柱

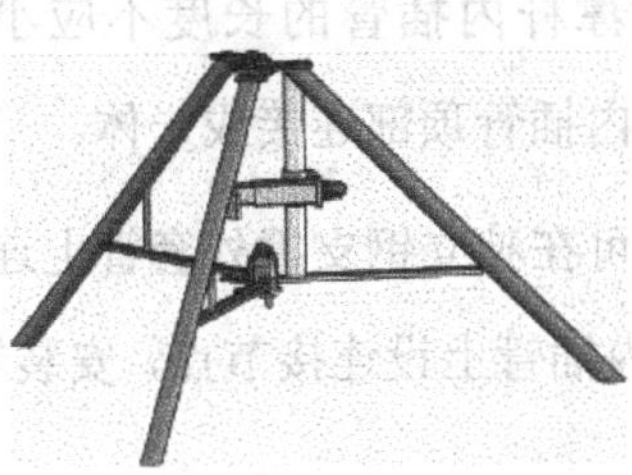

图 2.4.1-2　三脚架

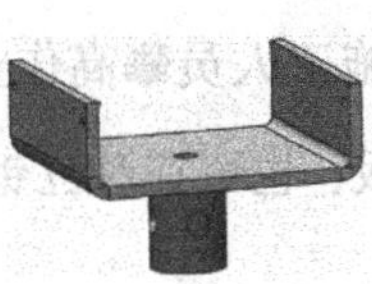

图 2.4.1-3　U 型支撑头

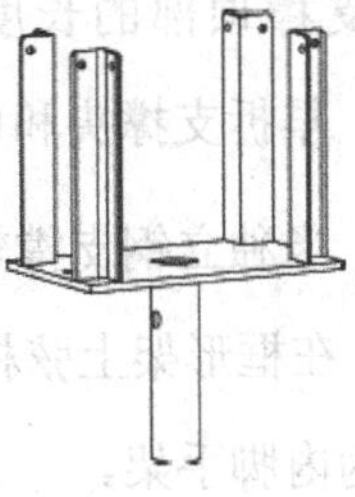

图 2.4.1-4　四爪支撑头

独立钢支撑（见图 2.4.1-5）具有以下优点。

（1）承载力大，支拆简单。目前，模板支撑以钢管满堂脚手架居多，需要设置纵、横向水平杆，安装拆卸麻烦。

（2）通用性强，能够适应不同层高、不同板厚的现浇混凝土的支模工程。

（3）节省成本。在同样的支撑面积下，独立钢支撑系统的用钢量仅为钢管扣件和碗扣架用钢量的30%左右。

图 2.4.1-5 独立钢支撑

独立钢支撑的构造要求如下。

（1）内插管插入外套管的搭接长度不应小于 300mm。

（2）早拆支撑头或其他可调支撑头采用的调节丝杠的直径应不小于 36mm，丝杠伸出独立支撑顶部的长度不宜超过 300mm，丝杠插入支撑杆内插管的长度不应小于 150mm。早拆支撑头和自锁式早拆支撑头应采用连接板与内插管顶部连接成一体。

（3）当独立钢支撑较高或需要施工人员攀高作业时，可在独立钢支撑外套管上连接框形架，在框形架上弦杆上搁置跳板；也可在独立钢支撑内插管上设连接节点，安装纵、横杆作为内脚手架。

目前，在装配率不是很高，特别是大量墙、柱等竖向构件采用现浇的情况下，为统一兼顾现浇构件的模板（特别是木模）支撑，很多项目预制楼板的支撑仍然采用钢管满堂支架形式（见图 2.4.1-6），并且在预制楼板底部仍然安装木模，这在一定程度上造成了浪费。随着装配式建筑的推广及铝合金模板应用的普及，独立钢支撑的优势会越来越明显。

图 2.4.1-6 钢管满堂支架形式

2.4.2 竖向构件支撑

墙、柱等竖向构件的临时支撑一般采用斜撑的方式。当采用独立钢支撑作为墙、柱、桥墩等竖向结构的斜撑时，应在独立钢支撑上下两端设置可调节角度的连接件，其上与构件表面预埋件或模板背楞相连（现浇），其下与楼（地）面预埋件或其他承载体相连。

为竖向构件设置斜撑的作用如下：①保证构件在未形成可靠连接前的稳定性；②对竖向构件的安装垂直度及平面位置进行微调。

竖向构件的斜撑安装应符合下列规定。

（1）预制构件的临时支撑不宜少于 2 道。

（2）对于柱、墙构件的上部斜撑，其支撑点与板底的距离不宜小于构件高度的 2/3，且不应小于构件高度的 1/2。

（3）斜撑应与构件可靠连接。

目前，用作构件斜撑的杆件有双管杆（有外套管和内插管的独立钢支撑）和单管杆（杆两端设置有可调长度的丝杠）。双管杆一般采用螺栓与构件上的预埋件连接固定，如图 2.4.2-1 所示；单管杆一般采用钩头与构件上的预埋环扣接固定，如图 2.4.2-2 所示。

预制柱斜撑一般在相邻两面设置，如图 2.4.2-3 所示。

图 2.4.2-1 双管式斜撑

图 2.4.2-2 单管式斜撑

图 2.4.2-3 预制柱双面斜撑

2.5 围护系统

围护、防护体系

装配式建筑的围护系统与传统建筑的围护系统相同，表现形式一般为脚手架，且均具有以下作用。

（1）围护、防护，保证作业人员及周边环境安全。

（2）作为外立面施工的操作平台。

按照连接方式的不同，可将围护系统分为扣件式脚手架（见图 2.5-1）、碗扣式脚手架（见图 2.5-2）、盘扣式脚手架（见图 2.5-3）、门式脚手架（见图 2.5-4）等。

图 2.5-1 扣件式脚手架

图 2.5-2 碗扣式脚手架

图 2.5-3 盘扣式脚手架

图 2.5-4 门式脚手架

按照搭设方式的不同，可将围护系统分为落地式脚手架、悬挑式脚手架及工具式脚手架等。

对于多层建筑，一般采用落地式脚手架；高层建筑常采用悬挑式脚手架及工具式脚手架。悬挑式脚手架需要安装悬挑型钢，对于有预制外墙的结构，型钢穿墙洞口的预留较麻烦。各类脚手架的连墙件与预制构件的连接节点需要做特殊处理，不能在现场随意钻凿。

2.5.1 落地式脚手架

底层或多层建筑采用落地式脚手架较经济，前提是要有落地条件。例如，对于有地下室的建筑，其主体结构已开始施工，但基坑土方回填滞后，无法及时搭设落地架，此时可能就要考虑悬挑式脚手架等其他形式的围护方案。

落地式脚手架（见图 2.5.1-1）的搭设高度不宜大于 50m，超过 50m 的脚手架方案，施工单位应组织专家进行论证。

图 2.5.1-1 落地式脚手架

2.5.2 悬挑式脚手架

悬挑式脚手架适用于高层建筑或地面没有落地搭设条件的围护方案，如图 2.5.2-1 所示。

悬挑式脚手架的架体构造与落地式脚手架的架体构造基本相同，不同的是落地式脚手架的所有竖向荷载都传递给立杆，再由立杆传递给地面；而悬挑式脚手架的竖向荷载由立杆传递给悬挑型钢。

悬挑式脚手架的悬挑型钢宜采用双轴对称截面的钢梁，悬挑型钢上的架体搭设高度不宜超过 20m。

图 2.5.2-1　悬挑式脚手架

附着式升降脚手架（爬架）

2.5.3　附着式升降脚手架

附着式升降脚手架又称爬架，属于工具式脚手架，特别适用于高层建筑施工，近年来应用非常广泛。

附着式升降脚手架的架体构配件全部采用金属材料，由工厂加工制作，现场组装，搭设一定高度，通过附着支承装置附着于建筑结构上，依靠自身的升降机构随建筑结构逐层升降，是具有安全防护、防倾覆、防坠落和同步控制等功能的脚手架，由架体构架、升降机构、防倾覆装置、防坠落装置、停层卸荷装置及同步控制装置等组成，如图 2.5.3-1 所示。

图 2.5.3-1　附着式升降脚手架

附着式升降脚手架的优点如下。

（1）高效：因为悬挑式脚手架的架体高度不宜超过 20m，所以当主体施工达到一定高度后，悬挑式脚手架需要拆除，在新的楼层重新安装悬挑型钢后，再次搭设架体，费工费时。附着式升降脚手架在地面或平台上一次安装到位（安装高度不超过 5 倍的层高），主体结构向上施工时，架体不需要拆除或加高，直接利用爬升机构向上提升即可（一般 30～40min 可完成一层高度的提升）。

（2）安全：架体采用多重附着装置，设置多重防坠落保护机制。相对于普通脚手架，其封闭性更好，操作人员始终处于架体防护范围以内，可有效防止落物打击和人员坠落。

（3）经济：附着式升降脚手架的架体搭设高度不超过 5 倍层高，根据施工进度逐层升降，相比双排脚手架从地面一直搭设到结构顶层，可以节约大量的钢管、扣件、脚手板及安全网等材料。

（4）省工：利用自身升降系统即可实现升降，节约塔吊台班费用，同时，附着式升降脚手架搭设完毕后，使用过程中只需少量人员负责升降或维护，节约人工。

（5）美观：作为工具式脚手架，附着式升降脚手架的所有构件均在工厂标准化生产，现场组拼规范、统一，机械化程度高，整体性好，并可定制不同颜色，外形美观，有利于文明施工。

附着式升降脚手架结构构造的尺寸应符合下列规定。

（1）架体高度不得大于 5 倍层高。

（2）架体宽度不得大于 1.2m。

（3）直线布置的架体支承跨度不得大于 7m；对于折线或曲线布置的架体，相邻两主框架支撑点处的架体外侧距离不得大于 5.4m。

（4）架体的水平悬挑长度不得大于 2m，且不得大于跨度的 1/2。

（5）架体全高与支承跨度的乘积不得大于 110m²。

附着式升降脚手架在首层安装前应设置安装平台，可采用落地式脚手架搭设，安装平台应有保障施工人员安全的防护设施，安装平台的水平精度和承载能力应满足架体安装的要求。附着式升降脚手架可在地面组装成单元后吊至安装平台，如图 2.5.3-2 所示；也可直接在安装平台上安装，此时安装平台可起到安装放样的作用，如图 2.5.3-3 所示。

图 2.5.3-2 附着式升降脚手架在地面组装

图 2.5.3-3 附着式升降脚手架在安装平台上安装

附着式升降脚手架安装时应符合下列规定。

（1）相邻竖向主框架的高差不应大于 20mm。

（2）竖向主框架的垂直偏差不应大于 5‰，且不得大于 60mm。

（3）预留穿墙螺栓孔和预埋件应垂直于建筑结构表面，中心误差应小于 15mm。

（4）连接处所需的建筑结构混凝土强度应由计算确定，但不应小于 C20。

（5）升降机构连接应正确且牢固可靠。

（6）安全控制系统的设置和试运行效果应符合设计要求。

（7）升降动力设备工作正常。

需要注意的是，附着式升降脚手架通过竖向主框架与附墙支座连接，附墙支座在竖向主框架覆盖的每个楼层处均应设置，应采用锚固螺栓与建筑物连接；同时，附着式升降脚手架的提升挂座承受了其提升过程中的所有竖向荷载，故提升挂座也应采用锚固螺栓与建筑物可靠连接，如图 2.5.3-4 所示。对于装配式结构，预制构件在制作时应做好附墙支座及提升挂座螺栓孔的预留工作。

图 2.5.3-4 附着式升降脚手架的附墙支座及提升挂座

2.5.4 外挂防护架

当建筑采用预制外墙板时，围护系统可采用外挂防护架。外挂防护架属于工具式脚手架，架体由承力架、操作平台及护栏构成，承力架通过穿墙螺栓固定在预制墙板上，预制墙板在工厂制作时应预留螺栓孔，每块墙板至少有 4 个螺栓孔。

外挂防护架的构造如图 2.5.4-1 所示。

外挂防护架的安装要求如下。

（1）检查预制构件的外挂防护架安装位置，检查外挂防护架的规格及附件材料，检查安装工具及安装防护措施。

（2）安装首层、二层临边预制构件的外挂防护架，包括承力架、脚手板、踢脚板、防护栏杆等构件，确保架体单元结构连接安全可靠。

（3）首层、二层的外挂防护架随本层预制构件吊装至结构主体。

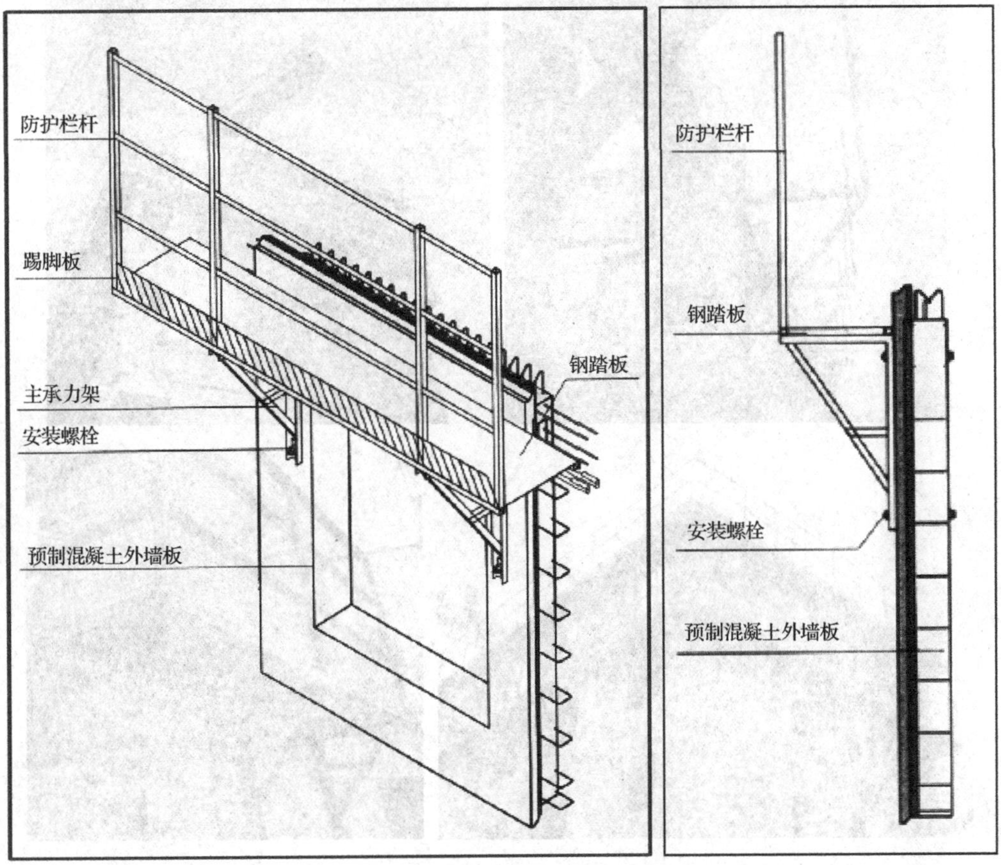

图 2.5.4-1　外挂防护架的构造

（4）临边预制构件吊装完成后，检查本层架体的封闭性，检查预制构件间水平位置的安全防护，检查阳台板、空调板、飘窗构件施工部位的安全防护，确保本层临边安全防护交圈闭合。

（5）外挂防护架安装完毕后，在正式使用前，必须经过技术、安全、监理等单位的验收。未经验收或验收不合格的防护架不得使用。

（6）三层主体结构施工的安全防护采用首层挂架周转安装，四层主体结构施工的安全防护采用二层外挂防护架周转安装。

（7）结构主体施工完成后，拆除外挂防护架。

外挂防护架的安装如图 2.5.4-2 所示。

图 2.5.4-2　外挂防护架的安装

本章复习题

1. 填空题

（1）按照有无塔帽，将塔吊分为________、________。

（2）通过俯仰变幅的塔吊为________。

（3）塔吊标准节与塔吊基础连接的方式有________、________。

（4）QTZ80（ZJ5710）型塔吊的臂长为________。

（5）吊索水平夹角不宜小于________，且不应小于________。

（6）吊具按其形式可分为________、________、________。

（7）阳台板吊装可选用＿＿＿＿＿吊具、＿＿＿＿＿吊具、＿＿＿＿＿吊具。

（8）卸扣按照外形可分为＿＿＿＿＿、＿＿＿＿＿。

（9）构件的吊点如果采用吊钉的形式，则应选择与之配套的＿＿＿＿＿吊具。

（10）预制构件的临时支撑不宜少于＿＿＿＿＿道。

（11）预制构件的临时支撑不宜少于＿＿＿＿＿根。

（12）悬挑式脚手架的架体高度不宜超过＿＿＿＿＿m，落地式脚手架的架体高度不宜超过＿＿＿＿＿m。

2．思考题

（1）结合装配式结构的特征，分析各种围护系统的优点和缺点。

（2）结合装配式结构的特征，简述施工现场平面布置的基本原则。

第 3 章　施工准备

3.1　施工总体部署

（1）施工单位应根据装配式建筑的工程特点和管理特点建立与之相适应的组织机构与管理体系，明确工作岗位设置及职责划分，并配备相应的管理人员。管理人员及专业操作人员应持有相应的执业证书和岗位证书。

（2）施工单位在施工前应明确装配式建筑的工程质量、进度、成本、安全、技术、消防、环保、节能及绿色施工等管理目标。

（3）施工单位在施工前应根据装配式建筑工程的实际情况编制单位工程施工组织设计和专项施工方案，经监理单位批准后实施。

（4）施工单位应根据装配式建筑的规模与工程特点选择满足施工要求的施工机械、设备，并选择具备相应资质的租赁及安装单位。

（5）施工单位应提前对预制构件厂家进行考察，选择技术成熟、具备供应能力的预制构件生产厂家。

（6）施工单位应选择具备相应专业施工能力的劳务队伍进行施工，劳务队伍应配备足够数量的专业工种，持有国家或行业有关部门颁发的有效证件。

3.2　劳动力准备

施工单位根据进度计划及各分项工程量确定在不同施工阶段的劳动力需求。装配式结构施工现场机械化程度较高，湿作业减少，单一工种的数量也有所减少；工种类型增加吊装工、灌浆工、防水打胶工等。

（1）吊装工。

与吊装相关的工种除了塔吊驾驶员、信号工、司索工，还包括构件吊装操作工，简称吊装工。吊装工的作业内容包括构件连接面处理、构件就位、安装支撑、构件位置及标高校正等。一般 2～3 名吊装工，外加信号工、司索工、塔吊驾驶员各 1 名即可协作完成一个预制构件的安装。

信号工和司索工属于特种工，需要持有特种工操作证，目前，这两个工种的证书统一为《建筑起重信号司索工》，《建筑施工安全检查标准》规定，起重机作业应设专职信号工和司索工，一人不得同时兼顾信号指挥和司索作业。也就是说，吊装作业至少需要配备 1 名信号工和 1 名司索工，且两人均需要持证上岗。吊装作业如图 3.2-1 所示。

图 3.2-1　吊装作业

目前，预制构件吊装工全国没有统一的上岗证书，为保证装配式结构施工质量，现在许多省市针对吊装工开展了相关培训，对于考核合格的人员，有些地方颁发了当地行业主管部门认可的合格证书，表明持证者具备预制构件吊装操作的相关技能。

（2）灌浆工。

在装配式结构中，预制构件的钢筋连接常用套筒灌浆连接或浆锚搭接连接。灌浆工的作业内容包括构件灌浆区域分仓及封边、灌浆料制作及灌浆等，如图 3.2-2 所示。一般 2～3 名灌浆工即可完成一个预制构件的灌浆。

与吊装工一样，预制构件灌浆工目前全国也没有统一的上岗证书，为保证装配式结构施工质量，现在许多省市针对灌浆工也开展了相关培训，对于考核合格的人员，有些地方颁发了当地行业主管部门认定的合格证书，表明持证者具备预制构件灌浆连接操作的相关技能。

图 3.2-2　灌浆作业

（3）防水打胶工。

装配式结构由预制构件拼装而成，特别是采用预制墙板的结构，在建筑外围会形成大量拼缝，为保证拼缝严密不渗水，目前采用打胶的方式进行封闭。防水打胶工的主要工作内容包括拼缝清理、拼缝缺陷处理、安装内衬、涂刷底涂液、配置防水胶、打胶等。

3.3　材料准备

装配式结构的主要材料如下。

（1）预制构件。

（2）钢筋。

（3）混凝土。

（4）灌浆料。

所有材料的质量均应满足设计及规范要求，材料进场应验收，需要复试的材料应在见证人员的见证下取样，由具有相关资质的检测机构进行检验，检验结果符合要求后方可使用，否则应做退场处理。

预制构件进场验收要求详见第 4 章。本节内容主要为钢筋、混凝土及灌浆料的相关要求。

3.3.1 钢筋

（1）钢筋的规格和性能应符合国家现行有关标准的规定。常用钢筋的主要性能指标，以及公称直径、公称截面面积、计算截面面积、理论质量应符合《混凝土结构工程施工规范》（GB 50666—2011）的相关规定。

（2）对于有抗震设防要求的结构，其纵向受力钢筋的性能应满足设计要求。当设计无具体要求时，对按一、二、三级抗震等级设计的框架和斜撑构件（含梯段）中的纵向受力钢筋应采用 HRB335E、HRB400E、HRB500E、HRBF335E、HRBF400E 或 HRBF500E 钢筋，其强度和最大力下总伸长率实测值应符合下列规定。

① 钢筋的抗拉强度实测值与屈服强度实测值的比值不应小于 1.25。

② 钢筋的屈服强度实测值与屈服强度标准值的比值不应大于 1.30。

③ 钢筋的最大力下总伸长率不应小于 9%。

带 E 钢筋如图 3.3.1-1 所示。

图 3.3.1-1 带 E 钢筋

（3）钢筋在运输和存放时，不得损坏包装和标志，并应按牌号、规格、炉批分别堆放。在室外堆放时，应采用避免钢筋锈蚀的措施。

（4）当发现钢筋脆断、焊接性能不良或力学性能显著不正常等现象时，应停止使用该批钢筋，并对该批钢筋进行化学成分检验或其他专项检验。

（5）钢筋进场时，应按国家现行相关标准的规定抽取试件做屈服强度、抗拉强度、伸长率、弯曲性能和质量偏差检验，检验结果应符合相关标准的规定。

检查数量：按进场批次和产品的抽样检验方案确定。

检验方法：检查质量证明文件和抽样检验报告。

热轧钢筋每批抽取 5 个试件，先进行质量偏差检验，再取其中 2 个试件进行拉伸试验以检验屈服强度、抗拉强度、伸长率，另取其中 2 个试件进行弯曲性能检验。对于钢筋伸长率，牌号带 E 的钢筋必须检验最大力下总伸长率。

（6）当采用成型钢筋时，进场时应抽取试件做屈服强度、抗拉强度、伸长率和质量偏差检验，检验结果应符合国家现行有关标准的规定。

专业钢筋加工厂家多采用自动化钢筋加工设备，经过合理的工艺流程，在固定的加工场所将钢筋加工成为工程所需的成型钢筋制品，即成型钢筋，如图 3.3.1-2 所示，具有规模化、质量控制水平高等优点。在装配式结构中，推广使用成型钢筋，可以确保钢筋加工精度，提高施工效率。

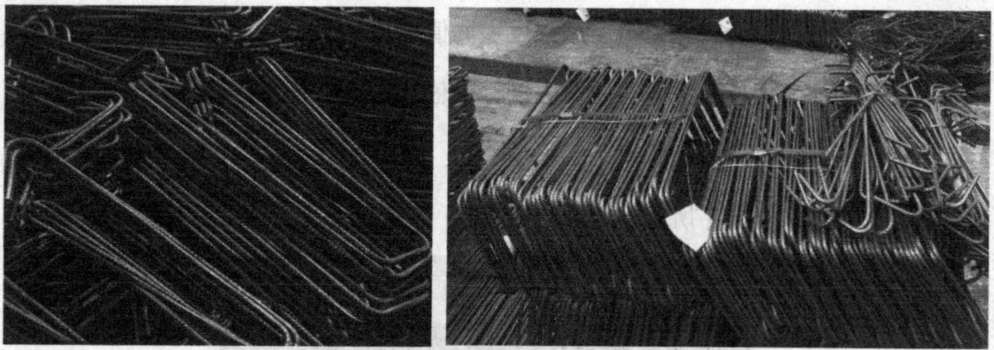

图 3.3.1-2　成型钢筋

对由热轧钢筋制成的成型钢筋，加工过程中一般对钢筋的性能改变较小，当有施工单位或监理方的代表驻厂监督加工过程，并能提供原材钢筋力学性能第三方检验报告时，可以减少部分检验项目，可只进行质量偏差检验。

检查数量：对于同一厂家、同类型、同一钢筋来源的成型钢筋，不超过 30t 为一批，每批中的每种钢筋牌号、规格至少抽取 1 个钢筋试件，总数不少于 3 个。

同类型成型钢筋是指钢筋的品种、型号和加工后的形式完全相同，同一钢筋来源的成型钢筋是指成型钢筋加工所用钢筋为同一钢筋企业生产。

检验方法：检查质量证明文件和抽样检验报告。

（7）钢筋进场时和使用前均应加强外观质量的检查。弯曲不直或经弯折有损伤、有裂纹的钢筋不得使用，表面有油污、颗粒状或片状老锈的钢筋也不得使用，防止影响钢筋握裹力或锚固性能。

3.3.2 混凝土

（1）混凝土结构施工宜采用预拌混凝土。

（2）混凝土制备应符合下列规定。

① 预拌混凝土应符合现行国家标准《预拌混凝土》（GB/T 14902—2012）的有关规定。

② 现场搅拌混凝土宜采用具有自动计量装置的设备集中搅拌。

（3）混凝土运输应符合下列规定。

① 混凝土宜采用搅拌运输车运输，运输车辆应符合国家现行有关标准的规定。

② 在运输过程中，应保证混凝土拌合物的均匀性和工作性。

③ 应采取保证连续供应的措施，并应满足现场施工的需要。

3.3.3 灌浆料

钢筋套筒灌浆连接接头采用的灌浆料应符合现行行业标准《钢筋连接用套筒灌浆料》（JG/T 408—2019）的规定。

3.4 深化设计协调

深化设计简介

对于装配式结构，在图纸深化设计阶段，建设单位应组织项目的施工单位、设计单位、监理单位、预制构件生产单位参与，对装配式结构工程项目的最终实施进行有效的前期协作。无论以何种承包方式中标，施工单位都应在图纸深化设计阶段提前介入，协助深化设计单位考虑实际施工对深化设计的主要影响因素。

1. 预制构件应考虑的因素

（1）对于竖向构件，应考虑的因素如下。

① 塔吊、施工电梯附墙件部位的加强，预埋件的设置。

② 后浇段钢筋交叉的碰撞。

③ 外架的形式、预埋件或预留孔洞的设置。

④ 斜撑预埋件定位。

⑤ 墙体拉结点位置。

（2）对于水平构件，应考虑的因素如下。

① 塔吊、施工电梯附墙件部位预留孔洞的设置深化。

② 水平构件外露钢筋的交叉布置。

③ 放线孔、排烟风道洞口、电盒预埋、上下水孔洞、泵管孔洞等其他需求的预留洞设置。

④ 吊点预埋、钢筋桁架高度深化。

2. 起重机械布置应考虑的因素

（1）根据构件初步拆分及现场平面布置确定塔吊选型及定位。

（2）根据确定的塔吊型号及位置，复核塔吊覆盖范围内相应位置构件是否满足起吊要求。

（3）根据塔吊型号、位置确定附墙件附着位置及标高，对该位置的墙板进行二次设计，尽量附着在剪力墙柱上，如果附着在叠合梁上，则需要经过结构设计确认。

（4）在满足拆分原则的前提下将构件轻量化，对于无法拆分的构件，在深化设计时，需要考虑对构件进行减重处理，如增加轻质材料等。

3. 预制构件吊装应考虑的因素

（1）在对预制墙、柱进行深化设计时，需要考虑按数字或字母的优先顺序进行区分，以一根钢筋为导向筋，便于快速定位。

（2）应考虑后浇段钢筋与预制墙板钢筋伸入后浇段的锚入长度及相互位置的碰撞问题。

（3）在施工过程中，为了避免预制梁底筋相互干扰，影响构件吊装，设计时可根据项目情况进行底筋弯折，并标示出吊装顺序。

4．临时支撑应考虑的因素

（1）根据工程实际情况，考虑预制剪力墙、柱的临时支撑点位置；在预制柱、墙板内预埋相应的螺母；斜撑采用带挂钩的单管斜撑，方便安装。

（2）考虑斜撑安装位置是否影响支模，其距离现浇剪力墙边不小于500mm。

（3）预制梁、楼板需要在相应位置预埋支撑环，支撑环一般采用ϕ14mm圆钢。

（4）预制梁临时支撑可以在相邻柱上预埋螺母，并设置临时牛腿支撑。

5．模板体系应考虑的因素

（1）不同的模板体系对预制构件有不同的设计要求，主要考虑对拉螺杆在预制构件上的设计应用方式。

（2）对拉螺杆设计主要考虑预埋套管和预留对穿孔。

（3）设计中应该根据构件和应用模板体系的实际情况设计预埋尺寸，注意避让构件钢筋和预埋管线。

6．围护系统应考虑的因素

（1）脚手架附墙件的预留洞口与墙身竖向钢筋及水/电预留预埋位置的避让，尽可能使附墙件预留高度基本与窗同高，预留洞口位置保持同一规律，在施工后期，洞口封堵要便于施工。

（2）悬挑式脚手架的悬挑钢梁预留孔的位置应避开构件强度薄弱位置，在预制剪力墙体系中，应注意不能切断竖向钢筋。

（3）对于附着式升降脚手架，应注意附墙支座、提升挂座等预埋件在墙板上的范围。对于层高较大的公共建筑，可采用落地式脚手架与附着式升降脚手架组合的围护形式。

（4）外挂防护架深化设计时应考虑螺栓孔的位置，应避开结构钢筋并满足安装需要。

3.5 图纸会审

在拿到经过图审机构审查合格的施工图后，施工单位应组织技术人员及专业分包单位熟悉图纸等相关设计文件，建设单位应组织设计、监理、施工等单位参加图纸会审。图纸会审由设计单位对设计文件进行交底和说明，各单位反馈问题并记录，施工单位负责整理并形成会议纪要，与会各方会签。

图纸会审的一般程序为：建设单位或监理单位主持人发言→设计单位进行图纸交底→施工单位、监理单位代表提问→逐条研究→形成会审记录文件→签字、盖章后生效。

对于装配式结构的图纸，要重点关注以下几点。

（1）装配式结构体系的选择和创新应该得到专家论证，深化设计图应该符合专家论证的结论。

（2）整体装配式结构与常规结构的转换层；转换层固定墙部分需要与预制墙板灌浆套筒对接的预埋钢筋的长度和位置。

（3）墙板间边缘构件竖缝主筋的连接和箍筋的封闭，后浇混凝土部分的粗糙面和键槽。

（4）预制墙板之间的上部叠合梁对节点部位的钢筋（包括锚固板）搭接是否有冲突。

（5）外挂墙板的外挂节点做法、板缝防水和封闭做法。

（6）水、电线管盒的预埋、预留，预制墙板内预埋管线与现浇楼板内预埋管线的衔接。

本章复习题

1．填空题

（1）施工现场负责起重吊装的工人需要持有的特种工证件有__________。

（2）带 E 钢筋的抗拉强度实测值与屈服强度实测值的比值不应小于__________，屈服强度实测值与屈服强度标准值的比值不应大于__________。

（3）钢筋进场时，应按国家现行相关标准的规定抽取试件做__________检验。

2．思考题

（1）在进行塔吊、施工升降机布置时，预制构件应考虑做哪些预埋？

（2）简述什么叫成型钢筋，以及采用成型钢筋有何好处。

第 4 章　预制构件进场验收

4.1　主控项目检验

4.1.1　质量证明文件

对于由专业企业生产的预制构件，进场时应检查其质量证明文件。

检查数量：全数检查。

检验方法：检查质量证明文件或质量验收记录。

对于由专业企业生产的预制构件，其质量证明文件包括产品合格证明书、混凝土强度检验报告及其他重要检验报告等；预制构件的钢筋、混凝土原材料、预应力材料、预埋件等均应参照国家现行有关标准的规定进行检验，其检验报告在预制构件进场时可不提供，但应在构件生产单位存档保留，以便需要时查阅。对于进场时不做结构性能检验的预制构件，其质量证明文件还应包括预制构件生产过程的关键验收记录。

4.1.2　结构性能检验

（1）预制构件进场时，应对其进行结构性能检验，为了检验方便，工程中多在各方参与的情况下，在预制构件生产场地进行该项工作。预制构件的结构性能检验应符合下列规定。

梁板类简支受弯预制构件主要包括预制梁、预制楼梯、预应力空心板、预应力双 T 板，进场时应进行结构性能检验，并应符合下列规定。

① 结构性能检验应符合国家现行有关标准的规定及设计要求，检验要求和试验方法应符合现行国家标准《混凝土结构工程施工质量验收规范》（GB 50204—2014）的有关规定。

② 对钢筋混凝土构件和允许出现裂缝的预应力混凝土构件应进行承载力、挠度、裂

缝宽度检验；对不允许出现裂缝的预应力混凝土构件应进行承载力、挠度和抗裂检验。

③ 对于跨度大于 18m 的大型构件及有可靠应用经验的构件，可只进行裂缝宽度、抗裂和挠度检验。

这里的可靠应用经验是指该企业生产的标准构件在其他工程中已多次应用，如预制楼梯、预应力空心板（见图 4.1.2-1）、预应力双 T 板（见图 4.1.2-2）等。

图 4.1.2-1 预应力空心板

图 4.1.2-2 预应力双 T 板

④ 对于使用数量较少的构件（50 件以内），当能提供可靠依据时（如近期完成的合格结构性能检验报告等），可不进行结构性能检验。

⑤ 对于多个工程共同使用的同类型预制构件，结构性能检验可共同委托，其结果对多个工程共同有效。

（2）对于不可单独使用的叠合板预制底板，可不进行结构性能检验。对叠合梁构件是否进行结构性能检验，以及结构性能检验的方式应根据设计要求确定。

不应单独使用的叠合板预制底板主要包括桁架钢筋叠合底板和各类预应力叠合楼板用薄板、带肋板。由于此类构件的刚度较小，且板类构件强度与混凝土强度的相关性不大，很难通过加载方式对结构受力性能进行检验，所以规定可不进行结构性能检验。对于可单独使用，也可作为叠合楼板使用的预应力空心板、预应力双 T 板，按规定对构件进行结构性能检验，检验时不浇后浇层，仅检验预制构件。由于叠合梁情况复杂，所以是否进行结构性能检验，以及结构性能检验的方式由设计确定。

（3）对于其他预制构件，如预制墙、柱等，由于很难通过结构性能检验确定构件的受力性能，所以除设计有专门要求外，进场时可不做结构性能检验。

（4）对按规定可不做结构性能检验的预制构件应采取下列措施。

① 施工单位或监理单位代表应驻厂监督生产过程，此时构件的进场质量证明文件应经监督代表确认。

② 若无驻厂监督，则在预制构件进场时，应对其主要受力钢筋数量、规格、间距、保护层厚度及混凝土强度等进行实体检验。

实体检验宜采用非破损方法（也可采用破损方法），且应采用专业仪器并符合国家现行有关标准的规定。

检查数量可根据工程情况由各方商定，一般情况下，可以不超过 1000 个同类型预制构件为一批，每批抽取构件数量的 2%且不少于 5 个构件。

这里的同类型是指同一钢筋种类、同一混凝土强度等级、同一生产工艺和同一结构形式。在抽取预制构件时，宜从设计荷载最大、受力最不利或生产数量最多的预制构件中抽取。

对所有进场时不做结构性能检验的预制构件，进场时的质量证明文件宜增加构件生产过程检查文件，如钢筋隐蔽工程验收记录、预应力筋张拉记录等。

预制楼梯和预制底板的结构性能检验分别如图 4.1.2-3 和图 4.1.2-4 所示。

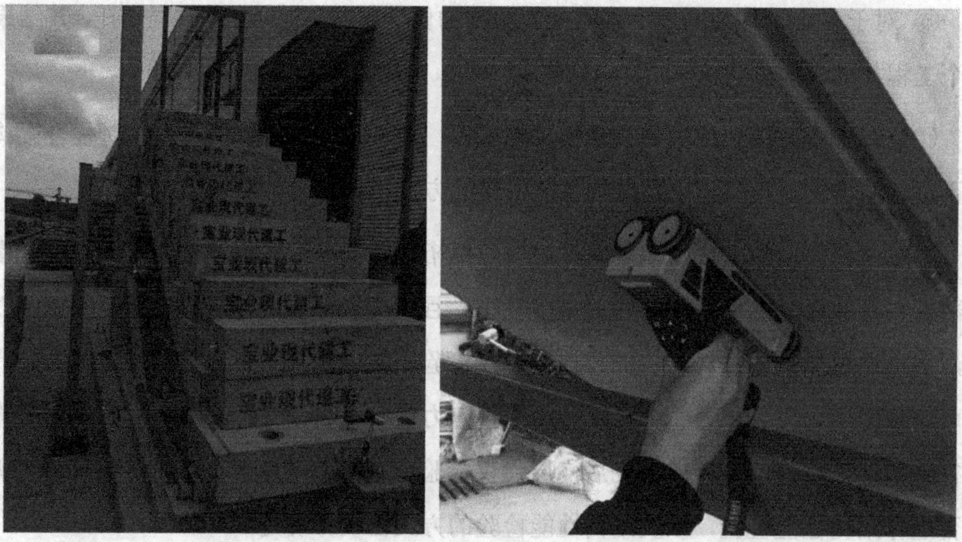

图 4.1.2-3　预制楼梯的结构性能检验

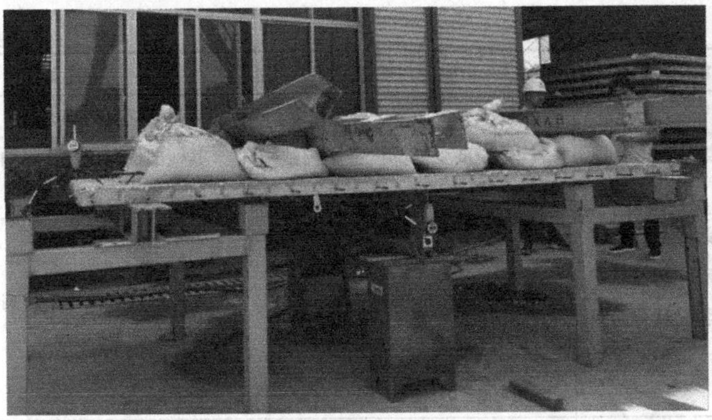
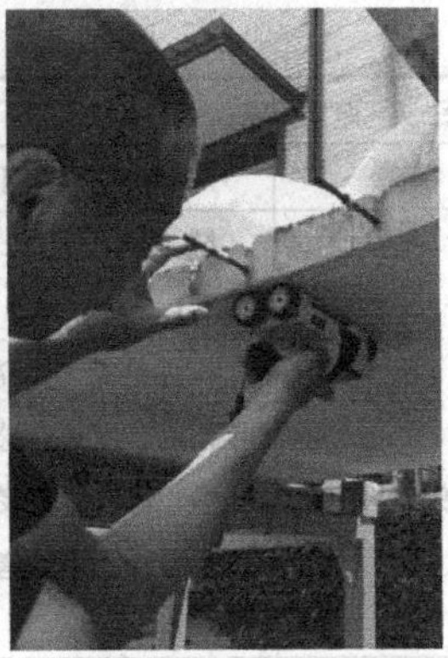

图 4.1.2-4 预制底板的结构性能检验

4.2 一般项目检验

预制构件的一般项目检验是指外观质量的检验，应在出厂检验的基础上进行，现场验收时应按规定填写检验记录。

预制构件的外观质量不应有严重缺陷，且不宜有一般缺陷。对已出现的一般缺陷，应按技术方案进行处理，并应重新检验。

对于出现的外观质量严重缺陷，影响结构性能和安装、使用功能的尺寸偏差，以及拉结件的类别、数量和位置有不符合设计要求的情形，应做退场处理。如果经设计同意，可以进行修理使用，则应制定处理方案并获得监理确认，预制构件生产单位应按技术处理方案处理，修理后应重新验收。

预制构件外观质量缺陷分类如表 4.2-1 所示。

表 4.2-1 预制构件外观质量缺陷分类

名　称	现　象	严重缺陷	一般缺陷
露筋	构件内钢筋未被混凝土包裹而外露	纵向受力钢筋有露筋	其他钢筋有少量露筋
蜂窝	混凝土表面缺少水泥砂浆而形成石子外露	构件主要受力部位有蜂窝	其他部位有少量蜂窝
孔洞	混凝土中的孔穴深度和长度均超过保护层厚度	构件主要受力部位有孔洞	其他部位有少量孔洞
夹渣	混凝土中夹有杂物且深度超过保护层厚度	构件主要受力部位有夹渣	其他部位有少量夹渣

续表

名　称	现　象	严 重 抉 陷	一 般 缺 陷
疏松	混凝土中局部不密实	构件主要受力部位有疏松	其他部位有少量疏松
裂缝	缝隙从混凝土表面延伸至混凝土内部	构件主要受力部位有影响结构性能或使用功能的裂缝	其他部位有少量不影响结构性能或使用功能的裂缝
连接部位缺陷	构件连接处混凝土缺陷及连接钢筋、连接件松动，插筋严重锈蚀、弯曲，灌浆套筒堵塞、偏位，灌浆孔洞堵塞、偏位、破损等缺陷	连接部位有影响结构传力性能的缺陷	连接部位有基本不影响结构传力性能的缺陷
外形缺陷	缺棱掉角、棱角不直、翘曲不平、飞出凸肋等，装饰面砖黏结不牢、表面不平、砖缝不顺直等	清水或具有装饰的混凝土构件内有影响使用功能或装饰效果的外形缺陷	其他混凝土构件有不影响使用功能的外形缺陷
外表缺陷	构件表面麻面、掉皮、起砂、沾污等	具有重要装饰效果的清水混凝土构件有外表缺陷	其他混凝土构件有不影响使用功能的外表缺陷

预制构件外观质量检验包含以下内容。

（1）预制构件粗糙面（见图 4.2-1）的外观质量，以及键槽（见图 4.2-2）的外观质量和数量应符合设计要求。

检查数量：全数检查。

检验方法：观察，量测。

图 4.2-1　预制构件粗糙面

图 4.2-2　预制构件键槽

（2）预制构件表面预贴饰面砖、石材等饰面，以及装饰混凝土饰面的外观质量应符合设计要求或国家现行有关标准的规定。

检查数量：按批检查。

检验方法：观察或轻击，与样板比对。

集成了装饰面层的预制构件如图 4.2-3 所示。

图 4.2-3　集成了装饰面层的预制构件

（3）预制构件上的预埋件、预留插筋、预留孔洞、预埋管线等的规格、型号、数量应符合设计要求。

检查数量：按批检查。

检验方法：观察、尺量，检查产品合格证。

（4）预制板类、墙板类、梁柱类构件的外形尺寸偏差应符合表 4.2-2 的要求。

检查数量：按照进场检验批，同一规格（品种）的构件每次抽检数量不应少于该规格（品种）数量的 5%且不少于 3 件。

表 4.2-2　预制构件尺寸允许偏差及检验方法

项　目			允许偏差/mm	检 验 方 法
长度	板、梁、柱、桁架	＜12m	±5	尺量检查
		≥12m 且＜18m	±10	
		≥18m	±20	
	墙板		±4	
宽度、高（厚）度	板、梁、柱、桁架截面尺寸		±5	用钢尺量一端及中部，取其中偏差绝对值较大处
	墙板的高度、厚度		±3	

续表

项　目		允许偏差/mm	检 验 方 法
表面平整度	板、梁、柱、墙板内表面	5	用 2m 靠尺和塞尺检查
	墙板外表面	3	
侧向弯曲	板、梁、柱	l/750 且≤20（l 指跨度）	用拉线、钢尺量最大侧向弯曲处
	墙板、桁架	l/1000 且≤20	
翘曲	板	l/750	用调平尺在两端测量
	墙板	l/1000	
对角线差	板	10	用钢尺量两个对角线
	墙板、门窗口	5	
挠度变形	梁、板、桁架设计起拱	±10	用拉线、钢尺量最大弯曲处
	梁、板、桁架下垂	0	
预留孔	中心线位置	5	尺量检查
	孔尺寸	±5	
预留洞	中心线位置	10	尺量检查
	洞口尺寸、深度	±10	
门窗口	中心线位置	5	尺量检查
	宽度、高度	±3	
预埋件	预埋件锚板中心线位置	5	尺量检查
	预埋件锚板与混凝土面的平面高差	0，-5	
	预埋螺栓中心线位置	2	
	预埋螺栓外露长度	+10，-5	
	预埋套筒、螺母中心线位置	2	
	预埋套筒、螺母与混凝土面的平面高差	0，-5	
	线管、电盒、木砖、吊环在构件平面的中心线位置偏差	20	
	线管、电盒、木砖、吊环与构件表面混凝土高差	0，-10	
预留插筋	中心线位置	3	尺量检查
	外露长度	+5，-5	
键槽	中心线位置	5	尺量检查
	长度、宽度、深度	±5	

（5）装饰构件的装饰外观尺寸偏差和检验方法应符合表 4.2-3 的要求。

检查数量：按照进场检验批，同一规格（品种）的构件每次抽检数量不应少于该规格（品种）数量的 10%且不少于 5 件。

表 4.2-3 装饰构件外观尺寸允许偏差及检验方法

项 次	装 饰 种 类	检 查 项 目	允许偏差/mm	检 验 方 法
1	通用	表面平整度	2	用 2m 靠尺及塞尺检查
2	面砖、石材	阳角方正	2	用托线板检查
3		上口平直	2	拉通线用钢尺检查
4		接缝平直	3	用钢尺或塞尺检查
5		接缝深度	±5	用钢尺或塞尺检查
6		接缝宽度	±2	用钢尺检查

4.3 资料及交付

预制构件的资料应与生产同步形成、收集和整理，归档资料宜包括以下内容。

（1）预制混凝土构件加工合同。

（2）预制混凝土构件加工图纸、设计文件，设计洽商、变更或交底文件。

（3）生产方案和质量计划等文件。

（4）原材料质量证明文件、复试试验记录和试验报告。

（5）混凝土试配资料。

（6）混凝土配合比通知单。

（7）混凝土开盘鉴定。

（8）混凝土强度报告。

（9）钢筋检验资料、钢筋接头的试验报告。

（10）模具检验资料。

（11）预应力施工记录。

（12）混凝土浇筑记录。

（13）混凝土养护记录。

（14）构件检验记录。

（15）构件性能检验报告。

（16）构件出厂合格证。

（17）质量事故分析和处理资料。

（18）其他与预制混凝土构件生产和质量有关的重要文件资料。

预制构件交付的产品质量证明文件应包括以下内容。

（1）出厂合格证。

（2）混凝土强度检验报告。

（3）钢筋套筒等其他构件钢筋连接类型的工艺检验报告。

（4）合同要求的其他质量证明文件。

本章复习题

1．填空题

（1）预制构件的质量证明文件包括__________、__________、__________等。

（2）常见的梁板类简支受弯预制构件有__________、__________、__________等。

（3）预制构件结构性能检验项目包括__________、__________、__________。

（4）对不允许出现裂缝的预应力混凝土构件的结构性能检验应进行__________、__________、__________检验。

（5）对于跨度大于__________m 的大型构件及有可靠应用经验的构件，可只进行裂缝宽度、抗裂和挠度检验。

（6）不应单独使用的叠合板预制底板主要包括__________。

（7）预制构件露筋属于严重缺陷的是__________。

（8）对于预制构件上的预留孔，中心线位置允许偏差为__________。

（9）对于预制墙板内表面的平整度，允许偏差为__________。

（10）对于预制墙板对角线差，允许偏差为__________。

2. 思考题

（1）对于按规定可不做结构性能检验的预制构件，应怎样保证其性能满足要求呢？

（2）简述预制构件进场验收主要包括哪些内容。

第 5 章　预制构件的运输与堆放

5.1　预制构件的运输

预制构件运输（一）

5.1.1　运输车辆

目前，国内预制构件的运输主要以重型半挂车为主，其整车尺寸为长 12～17m，宽 2.4～3m，限高 4m，质量在 40t 以内。也有一些厂家研制出了专用运输车辆，大大提高了装载及卸货的效率，同时安全性和运输稳定性也大幅提高。

平板货车如图 5.1.1-1 所示，专用运输车如图 5.1.1-2 所示。

图 5.1.1-1　平板货车

图 5.1.1-2　专用运输车

预制构件的运输可由构件生产厂家组织或委托给物流公司，目前国内多采用后者，即将运输业务外包。

预制构件运输（二）

5.1.2　运输方式

运输车辆配合专用存放架可实现预制构件的立式运输或水平运输。其中，立式运输是指采用靠架或插架固定预制构件，使预制构件在运输车上保持直立或以一定角度靠立的姿态，这种方式适合于自身质量大，不宜叠放的预制构件，如墙板等，如图 5.1.2-1 和图 5.1.2-2 所示；水平运输是指将预制构件叠层堆放在运输车上，适用于预制楼板、楼梯、阳台板、预制梁、预制柱等构件，如图 5.1.2-3 所示。

图 5.1.2-1　立式运输（靠架）

图 5.1.2-2　立式运输（插架）

图 5.1.2-3　水平运输

在工厂里，预制构件制作完成并经质检合格后吊入存放架存放，当需要外运时，由叉车或吊车将预制构件连同存放架一起装车，避免多次装卸造成预制构件损伤。

预制构件的装车顺序要与现场吊装顺序相匹配，先吊的预制构件放在上层或外侧，后吊的预制构件放在下层或内侧，减少二次搬运。

叠合板存放架如图 5.1.2-4 所示，墙板存放架如图 5.1.2-5 和图 5.1.2-6 所示。

图 5.1.2-4　叠合板存放架

图 5.1.2-5　墙板存放架（靠架）

图 5.1.2-6　墙板存放架（插架）

5.1.3　运输路线

预制构件运输（三）

对于不熟悉的运输路线，必须事先与驾驶员共同勘察，弄清路线上的桥梁、隧道、电线等对高度的限制，查看有无大车无法转弯的急弯或限制质量的桥梁，以及有无限行区，并确定绕行路线。

对驾驶员进行运输要求交底，如不得急刹车、急提速及右转先停车等。

5.1.4 运输要求

（1）按照现场吊装进度要求安排预制构件的进场计划，构件运输前应明确运输与堆放方案，其内容应包括运输时间、次序、堆放场地、运输线路、固定要求、堆放支垫及成品保护措施等。对于超高、超宽、形状特殊的大型预制构件的运输和堆放，应有专门的质量安全保证措施。

（2）预制构件的运输车辆应满足构件尺寸和载重要求，应符合下列规定。

① 在装卸预制构件时，应采取保证车体平衡的措施。

② 在运输预制构件时，应采取防止预制构件移动、倾倒、变形等的固定措施。

（3）在运输预制构件时，应采取防止构件损坏的措施。

① 对预制构件边角部分或链索接触处的混凝土，宜设置保护衬垫。

② 用塑料薄膜包裹垫块，避免预制构件外观被污染。

③ 对墙板门窗框、装饰表面和棱角采用塑料贴膜或其他措施防护。

④ 对竖向薄壁构件设置临时防护支架。

⑤ 在装箱运输时，箱内四周采用木材或柔性垫片填实，支撑牢固。

（4）应根据预制构件的特点采用不同的运输方式，托架、靠架、插架应进行专门设计，并进行强度、稳定性和刚度验算。

① 外墙板宜采用立式运输，外饰面层应朝外；梁、板、楼梯、阳台板宜采用水平运输。

② 当采用靠架立式运输时，预制构件与地面的倾斜角度宜大于 80°，预制构件应对称靠放，每侧不大于 2 层，预制构件层间上部采用木垫块隔离。

③ 当采用插架直立运输时，应采取防止预制构件倾倒的措施，预制构件间应设隔离垫块。

④ 当水平运输时，预制梁、柱构件叠放不宜超过 3 层，板类构件叠放不宜超过 6 层。

5.2 预制构件的堆放

预制构件的堆放（一）

预制构件的堆放（二）

预制构件运至现场后，可直接从运输车上起吊安装，如图 5.2-1 所示，这样能够有效减少二次搬运，提高工效、节约成本。当预制构件需求量较大时，可在现场堆放。

图 5.2-1　从运输车上直接起吊安装

施工现场的道路应满足预制构件的运输要求，在卸放、吊装工作范围内，不得有障碍物，并应有满足预制构件周转使用的场地。

预制构件堆垛宜布置在吊车工作范围内且不受其他工序施工作业影响的区域，满足吊装时的起吊、翻转等动作的操作空间，同时确保预制构件起吊方便且占地面积小。

预制构件的堆放顺序要与现场吊装顺序相匹配，先吊的预制构件放在上层或外侧，后吊的预制构件放在下层或内侧，减少二次搬运。

预制构件的堆放应符合下列规定。

（1）堆放场地应平整、坚实，并应有排水措施。

（2）应按照预制构件的种类、规格型号、检验状态分类存放，产品标识应明确、耐久，预埋吊件应朝上，标识应向外或朝向堆垛间的通道。

（3）应合理设置垫块支点位置，确保预制构件存放稳定，垫块在预制构件下的位置宜与脱模、吊装时的起吊位置一致。

（4）对与清水混凝土面接触的垫块应采取防污染措施。

（5）当预制构件多层叠放时，每层预制构件间的垫块应上下对齐；预制楼板、叠合板、阳台板和空调板等构件宜平放，叠放层数不宜超过 6 层，或者根据构件、垫块的承载力确定，并应根据需要采取防止堆垛倾覆的措施。当长期存放时，应采取措施控制预应力构件起拱值和叠合板翘曲变形。

（6）叠合板底部垫木宜采用通长木方，垫木放置在叠合板钢筋桁架侧边。

（7）在堆置预制楼梯时，板下部两端垫置 100mm×100mm 的垫木，垫木放置在约 *L*/5（*L* 为预制板总长度）处（见图 5.2-2），并在预制楼梯段的后起吊（下端）端部设置防止起吊碰撞的伸长垫木，防止起吊时的磕碰。

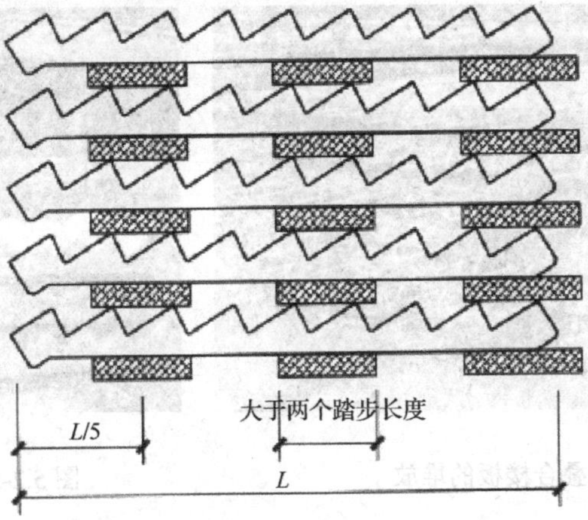

图 5.2-2　预制楼梯堆放的垫木位置

（8）墙板的堆放应符合下列规定。

当采用靠架堆放时，靠架应具有足够的承载力和刚度，与地面的倾斜角度宜大于 80°，墙板宜对称靠放且外饰面朝外，预制构件上部宜采用木垫块隔离。

当采用插架直立堆放时，插架应有足够的承载力和刚度，并应支垫稳固。薄弱构件、构件薄弱部位和门窗洞口应采取防止变形开裂的临时加固措施。

（9）预制柱、梁等细长构件宜平放且用两条垫木支撑。

预制墙板、叠合楼板、预制楼梯的堆放如图 5.2-3～图 5.2-5 所示。

图 5.2-3　预制墙板的堆放

图 5.2-4　叠合楼板的堆放

图 5.2-5　预制楼梯的堆放

本章复习题

1. 填空题

（1）预制构件的堆放应合理设置垫块支点位置，确保预制构件存放稳定，垫块在预制构件下的位置宜与________、________时的起吊位置________。

（2）预制构件的堆放应按照构件的种类、规格、型号、检验状态分类存放，产品标识应明确、耐久，预埋吊件应朝________，标识应向________或朝向________。

（3）预制楼板、叠合板、阳台板和空调板等构件宜平放，叠放层数不宜超过________层，或者根据________确定。

（4）当采用靠架堆放时，靠架应具有足够的承载力和刚度，与地面的倾斜角度宜大于__________。墙板宜对称靠放且外饰面朝__________，构件上部宜采用木垫块隔离。

2．思考题

（1）预制构件的运输需要考虑哪些因素？

（2）预制构件的现场堆放要满足哪些要求？

第 6 章　预制构件安装施工

6.1　一般要求

6.1.1　吊装准备

（1）装配式混凝土结构施工应制定专项施工方案。专项施工方案宜包括工程概况、编制依据、进度计划、施工场地布置、预制构件的运输与存放、安装与连接施工、绿色施工、安全管理、质量管理、信息化管理、应急预案等内容。

（2）预制构件、安装用材料及配件等应符合国家现行有关标准及产品应用技术手册的规定，并应按照国家现行相关标准的规定进行进场验收。

（3）施工现场应根据施工平面规划设置运输通道和存放场地，并应符合下列规定。

① 现场运输道路和存放场地应坚实平整，并应有排水措施。

② 施工现场内道路应按照构件运输车辆的要求合理设置转弯半径及坡度。

③ 预制构件运送到施工现场后，应按规格、品种、使用部位、吊装顺序分别设置存放场地。存放场地应设置在吊装设备的有效起重范围内，且应在堆垛之间设置通道。

④ 预制构件的存放架应具有足够的抗倾覆性能。

⑤ 当预制构件的运输和存放对已完成结构、基坑有影响时，应经计算复核。

（4）安装施工前，应进行测量放线、设置构件安装定位标识。测量放线应符合现行国家标准《工程测量规范》（GB 50026—2007）的有关规定。

（5）安装施工前，应核对已施工完成结构、基础的外观质量和尺寸偏差，确认混凝土强度和预留预埋符合设计要求，并应核对预制构件的混凝土强度及预制构件和配件的型号、规格、数量等符合设计要求。

（6）安装施工前，应复核吊装设备的吊装能力。应按现行行业标准《建筑机械使用安全技术规程》(JGJ 33—2012)的有关规定检查复核吊装设备及吊具处于安全操作状态，并核实现场环境、天气、道路状况等满足吊装施工要求。防护系统应按照施工方案进行搭设、验收，并应符合下列规定。

① 工具式外防护架应试组装并全面检查，附着在构件上的防护系统应复核其与吊装系统的协调性。

② 防护架应经计算确定。

③ 高处作业人员应正确使用安全防护用品，宜采用工具式操作架进行作业。

（7）应根据当天的作业内容进行班前技术安全交底。

（8）预制构件应按照吊装顺序预先编号，吊装时严格按编号顺序起吊。

（9）预制构件宜设置缆风绳以控制构件转动。

6.1.2 预制构件就位与校核

预制构件吊装就位后，应及时校准并采取临时固定措施。预制构件安装就位后，应对安装位置、标高、垂直度进行调整，并应考虑安装偏差的累积影响，安装偏差应严于装配式混凝土结构分项工程验收的施工尺寸偏差。装饰类预制构件安装完成后，应结合相邻构件对装饰面的完整性进行校核和调整，保证整体装饰效果满足设计要求。

预制构件安装就位后，校核与调整应符合下列规定。

（1）预制墙板、预制柱等竖向构件安装后，应对安装位置、安装标高、垂直度进行校核与调整。

（2）叠合构件、预制梁等水平构件安装后，应对安装位置、安装标高进行校核与调整。

（3）水平构件安装后，应对相邻预制构件的平整度、高低差、拼缝尺寸进行校核与调整。

（4）装饰类预制构件安装后，应对装饰面的完整性进行校核与调整。

（5）临时固定措施、临时支撑系统应具有足够的强度、刚度和整体稳固性，应按现行国家标准《混凝土结构工程施工规范》（GB 50666—2011）的有关规定进行验算。

6.1.3 临时支撑

当竖向预制构件安装采用临时支撑时，应符合下列规定。

（1）预制构件的临时支撑不宜少于 2 道。

（2）对于预制柱、墙板的上部斜撑，其支撑点与板底的距离不宜小于构件高度的 2/3，且不应小于构件高度的 1/2。

（3）斜撑应与构件可靠连接。

（4）构件安装就位后，可通过临时支撑对构件的位置和垂直度进行微调。

下部支撑可做成水平支撑或斜撑。

对于预制柱，由于其底部纵向钢筋可以起到水平约束的作用，所以一般仅设置上部斜撑。柱子的斜撑不应少于 2 道，且应设置在两个相邻的侧面上，水平投影相互垂直。临时斜撑与预制构件一般做成铰接并通过预埋件进行连接。考虑到临时斜撑主要承受的是水平荷载，为充分发挥其作用，对于上部的斜撑，其支撑点与板底的距离不宜小于板高的 2/3，且不应小于板高的 1/2。斜撑与地面或楼面应连接可靠，不得出现连接松动而引起竖向预制构件倾覆等。

斜撑支撑点示意图如图 6.1.3-1 所示。

当水平预制构件安装采用临时支撑时，应符合下列规定。

（1）首层支撑架体的地基应平整坚实，宜采取硬化措施。

（2）临时支撑的间距及其与墙、柱、梁边的净距应经设计计算确定，竖向连续支撑层数不宜少于 2 层且上下层支撑宜对准。

（3）叠合板预制底板下部支架宜选用定型独立钢支柱，竖向支撑间距应经计算确定。

预制构件与吊具的分离应在校准定位及临时支撑安装完成后进行。

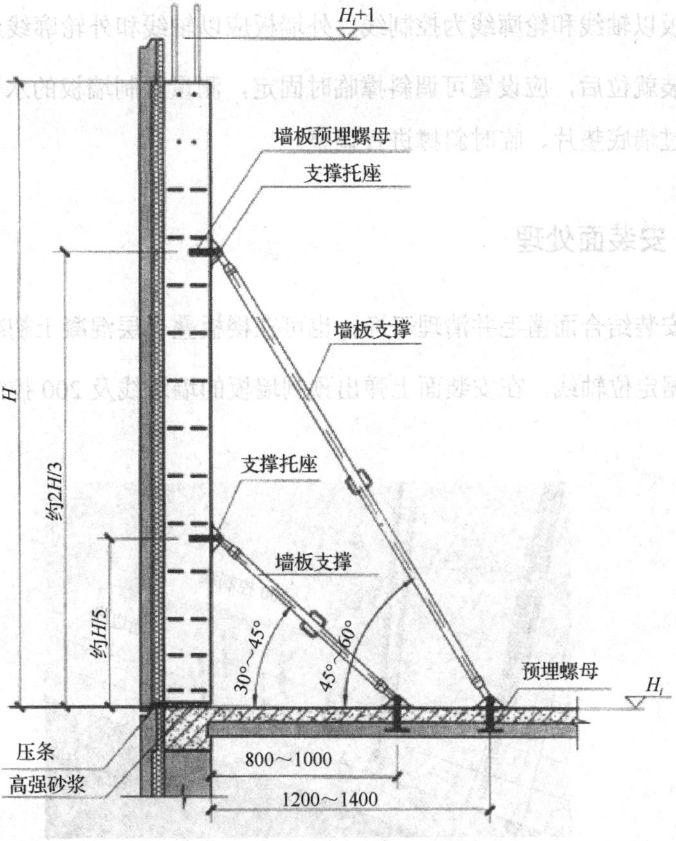

图 6.1.3-1　斜撑支撑点示意图（单位：mm）

6.2　预制剪力墙板吊装

预制剪力墙板施工 1

预制剪力墙板施工 2

6.2.1　基本要求

预制剪力墙板吊装应符合下列规定。

（1）与现浇部分连接的墙板宜先行吊装，其他宜按照外墙板先行吊装的原则进行吊装。

（2）采用灌浆套筒连接、浆锚搭接连接的夹芯保温外墙板应在保温材料部位采用弹性密封材料进行封堵。

（3）当采用灌浆套筒连接、浆锚搭接连接的墙板需要分仓灌浆时，应采用座浆料进行分仓。多层剪力墙采用座浆时应均匀铺设座浆料。座浆料强度应满足设计要求。

（4）墙板以轴线和轮廓线为控制线，外墙板应以轴线和外轮廓线进行双控制。

（5）安装就位后，应设置可调斜撑临时固定，测量预制墙板的水平位置、垂直度、标高等，通过墙底垫片、临时斜撑进行调整。

6.2.2 安装面处理

（1）将安装结合面凿毛并清理干净；也可在楼板叠合层混凝土初凝前拉毛。

（2）根据定位轴线，在安装面上弹出预制墙板的墙边线及 200 控制线，如图 6.2.2-1 所示。

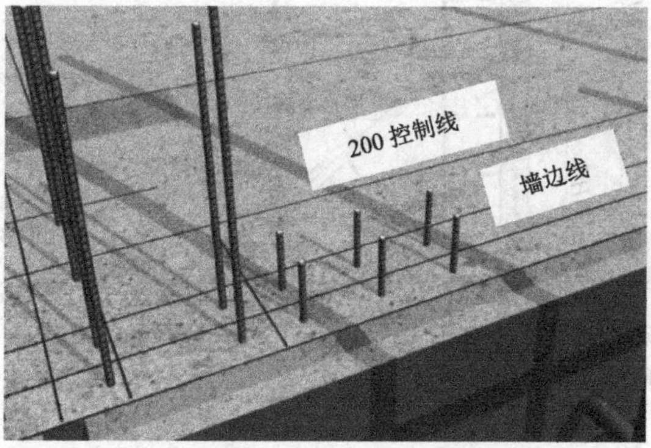

图 6.2.2-1　安装面弹线

（3）应将安装面外露钢筋表面包裹的水泥浆或黏附的其他杂物清理干净，以免影响套筒灌浆连接，如图 6.2.2-2 所示。

图 6.2.2-2　钢筋表面清理

现浇结构施工后，外露连接钢筋的位置、尺寸允许偏差及检验方法如表 6.2.2-1 所示。

表 6.2.2-1　外露连接钢筋的位置、尺寸允许偏差及检验方法

项　目	允许偏差/mm	检验方法
中心位置	+3 0	尺量
外露长度	+15 0	

（4）检查安装面外露钢筋的位置及长度，确保墙板底部套筒能与外露钢筋对齐并顺利下降就位。可按照墙板底部尺寸及套筒位置制作定位模具，采用定位模具检验外露钢筋的位置，如图 6.2.2-3 所示。

图 6.2.2-3　采用定位模具检验外露钢筋的位置

当钢筋外露长度超过允许偏差时，应对超长部分进行切割，以免影响套筒就位，应采用机械物理切割，不得采用气焊、气割。对于有负偏差的钢筋，或者钢筋位置偏移较大时，应提请设计出具补救方案，不能私自将钢筋切除或不做处理。

对于垂直度有小偏差的钢筋，可采用撬棍小心调整至顺直，如图 6.2.2-4 所示；对于弯折较大的钢筋，现场无法纠正的，应提请设计出具补救方案。

当下一层竖向结构为现浇时，其顶部外露钢筋的位置易发生较大偏移，可能造成钢筋无法顺利插入上层预制构件的套筒内，导致预制构件无法就位。为避免该情况的发生，

可在下层结构施工时，在钢筋顶部安装钢筋定位框，保证钢筋的位置不因扰动发生偏移，如图 6.2.2-5 所示。

图 6.2.2-4　钢筋垂直度校正

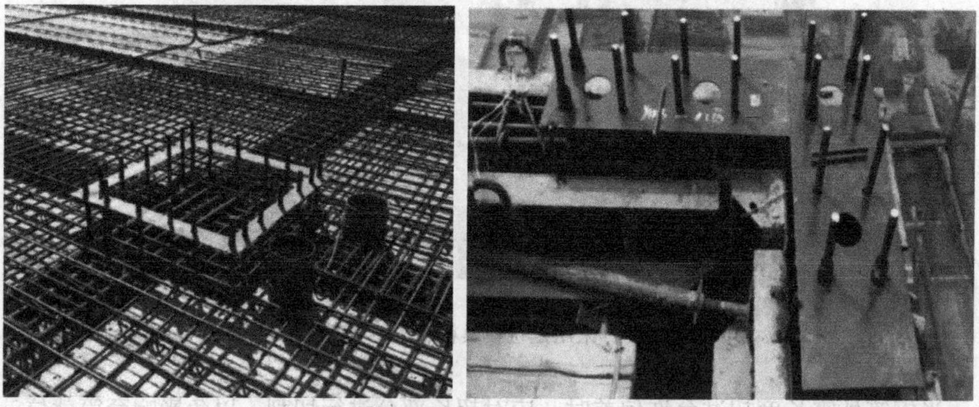

图 6.2.2-5　现浇结构钢筋顶部定位措施

（5）对于预制混凝土夹心保温外墙板，由于受到外叶板的遮挡，墙板就位后，墙体底部临边一侧无法采用砂浆封堵（墙体套筒灌浆前，需要将墙体底部四周采用砂浆密封，详见第 7 章），所以在该类墙板就位前，需要在安装面上粘贴 PE 条（见图 6.2.2-6），PE 条处于墙板保温层与内叶板外边线之间，既能起到密封的作用，又能起到连接上下层墙板保温层的作用，避免形成冷桥。

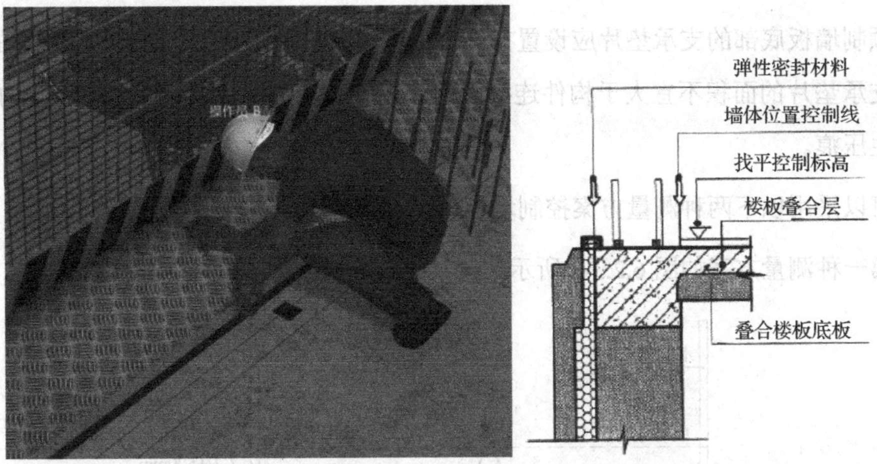

图 6.2.2-6 粘贴 PE 条

6.2.3 标高控制

在装配式结构中，预制墙板安装就位后，其底面标高在楼板结构面标高以上 20mm（见图 6.2.3-1），这样设计的作用有：①避免楼板混凝土浇筑标高的偏差影响墙板安装；②便于从底部调整预制墙板的安装标高，消除偏差；③便于在预制墙板底部进行灌浆连接。

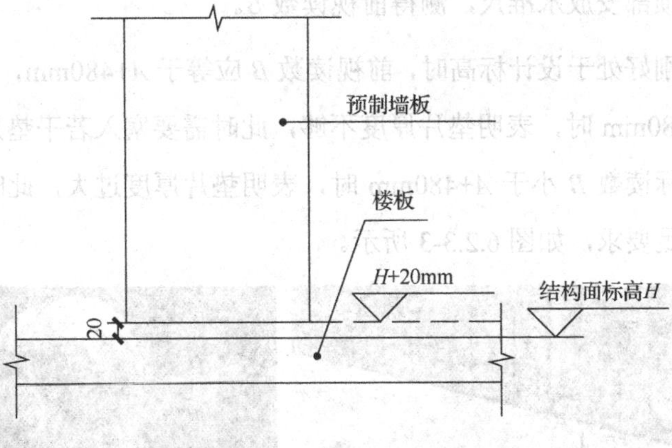

图 6.2.3-1 预制墙板底部标高

在实际施工中，预制墙板底部标高可通过垫片控制。墙板就位前，在安装面范围内的楼板上搁置钢制或硬质塑料的垫片，根据楼板结构面层的实际标高，通过调整垫片的厚度来保证墙板底部设计标高。垫片可由 1mm、2mm、3mm 等不同厚度进行组合使用。

预制墙板底部的支承垫片应设置在结合面中轴线的两个点上，并应保持足够的间距；单块支承垫片的面积不宜大于构件连接面面积的 3%，并不宜因面积过小而使构件接触面产生压痕。

可以采用以下两种测量方案控制墙板底面标高。

第一种测量方案如图 6.2.3-2 所示。

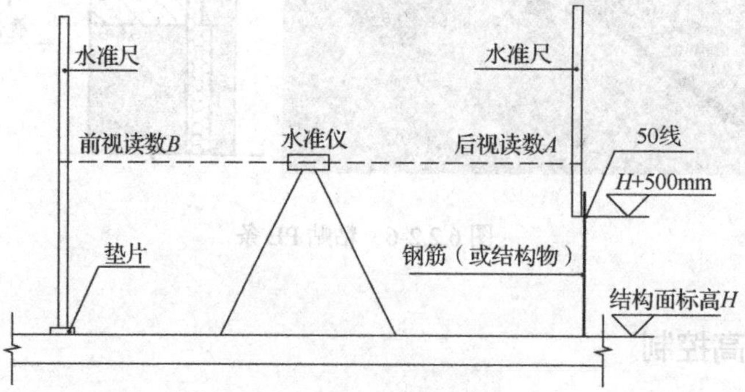

图 6.2.3-2　第一种测量方案

（1）在周边结构或钢筋上测设出结构 50 线（高于楼板结构面标高 500mm）并标记。

（2）在合适位置架设水准仪，在 50 线上安放水准尺，测得后视读数 *A*。

（3）在垫片顶部安放水准尺，测得前视读数 *B*。

当墙板底部刚好处于设计标高时，前视读数 *B* 应等于 *A*+480mm，因此，当前视实际读数 *B* 大于 *A*+480mm 时，表明垫片厚度不够，此时需要塞入若干垫片，直至读数满足要求；当前视实际读数 *B* 小于 *A*+480mm 时，表明垫片厚度过大，此时需要抽出若干垫片，直至读数满足要求，如图 6.2.3-3 所示。

图 6.2.3-3　测量并调整垫片厚度

第二种测量方案如图 6.2.3-4 所示。

（1）在周边结构或钢筋上测设出结构 50 线（高于楼板结构面设计标高 500mm）并标记。

（2）自墙板底部向上测量 480mm，弹出 50 线标高。

（3）在合适位置架设激光抄平仪，将激光线调整至与 50 线重合，起吊预制墙板至安装面后缓慢下降，直至墙面上的 50 线与激光线重合，说明墙板底部标高符合设计要求，此时根据墙板底部与楼板面的实际间距塞入合适厚度的垫片（实际操作时可设置千斤顶进行微调）。

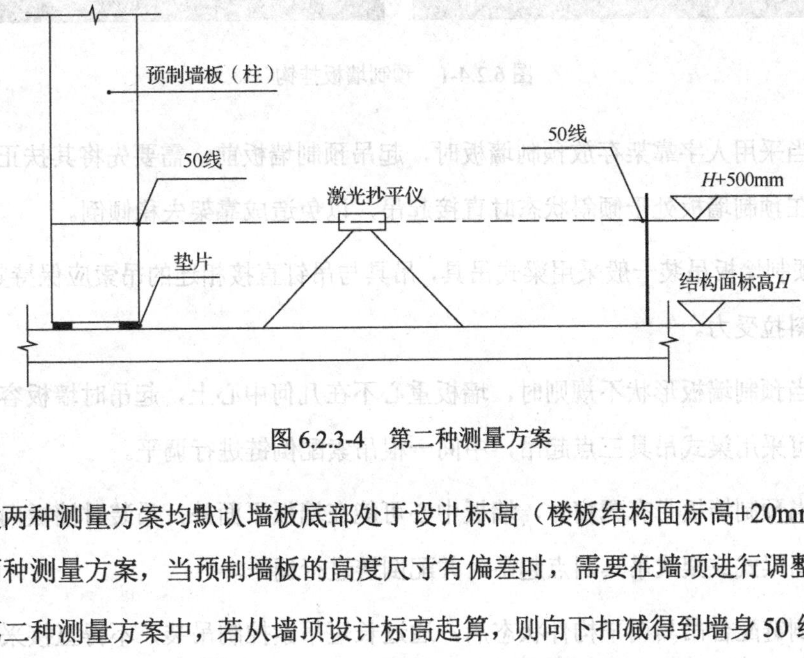

图 6.2.3-4　第二种测量方案

上述两种测量方案均默认墙板底部处于设计标高（楼板结构面标高+20mm）上，采用以上两种测量方案，当预制墙板的高度尺寸有偏差时，需要在墙顶进行调整消化。

在第二种测量方案中，若从墙顶设计标高起算，则向下扣减得到墙身 50 线，依据此 50 线控制标高，当预制墙板的高度尺寸有偏差时，需要在墙底进行调整消化。

6.2.4　起吊就位

（1）根据墙板长度，预制墙板顶部一般设置 2～4 个吊点，可为吊环或吊钉。

（2）如图 6.2.4-1 所示，预制墙板起吊挂钩由地面司索工完成，当需要溜绳时一并固定。确认挂钩无误后，周边人员撤离至安全位置，由地面信号工指挥吊机缓慢起吊。

图 6.2.4-1　预制墙板挂钩

（3）当采用人字靠架存放预制墙板时，起吊预制墙板前，需要先将其扶正再竖直起吊，不得在预制墙板处于倾斜状态时直接起吊，以免造成靠架失稳倾倒。

（4）预制墙板吊装一般采用梁式吊具，吊具与吊钉直接相连的吊索应保持竖直状态，避免吊钉斜拉受力。

（5）当预制墙板形状不规则时，墙板重心不在几何中心上，起吊时墙板容易偏心倾斜，此时可采用梁式吊具三点起吊，中间一根吊索配倒链进行调平。

（6）当预制墙板带有飘窗时，墙板中心可能在墙板平面外，吊装时墙板向外倾斜，此时可采用梁式或架式吊具四点起吊，并配倒链进行调平。

（7）倒链配合吊具调平构件状态后，通过长短吊索控制吊装，不得直接采用倒链代替吊索使用。

（8）由信号工指挥吊机缓慢将预制墙板吊离地面 20～30cm 时停止，检查吊机、构件、吊具、吊索状态及周边环境，确认安全后继续指挥吊机提升。吊机提升起吊构件应缓慢、平稳。

（9）可利用溜绳控制预制墙板在空中吊运过程的姿态及稳定。

（10）当预制墙板吊至安装楼层位置后，应交由楼面司索工负责指挥吊机工作。吊装工事先在安装位置摆好斜撑。

（11）当预制墙板吊至距离安装面约 1m 时，吊装工上前手扶引导墙板缓慢降落，如图 6.2.4-2 所示。墙底降至外露钢筋顶部约 10cm 时停止，利用镜子间接观察地面外露钢筋与墙板底部套筒的位置关系，确认每根钢筋能够顺利穿入套筒，缓慢下落就位，如图 6.2.4-3 所示。

图 6.2.4-2　墙板下落

图 6.2.4-3　镜子观察

（12）预制墙板吊装就位后，立即安装斜撑，斜撑安装完毕方可卸除吊钩。

预制墙板斜撑一般需要设置两道，包括两根长斜撑和两根短斜撑，如图 6.2.4-4 所示。为提高吊机工作效率，在长斜撑安装完毕后，即可卸钩，及时安装短斜撑。

图 6.2.4-4　安装斜撑

6.2.5 调整校正

（1）利用地面控制线复核墙板底部平面位置，当偏差较大时，可采用撬棍调整（当采用撬棍调整时，应采用衬垫材料保护墙角不被破坏）；当偏差较小时，可通过旋转短斜撑的方式进行调整，如图 6.2.5-1 所示。

（2）如图 6.2.5-2 所示，用经纬仪或靠尺检查柱子垂直度，当垂直度有偏差时，可采用旋转长斜撑的方式进行调整，在旋转支撑时，应两人同时同向转动。

（3）相邻两块墙板安装完毕后，还需要采用靠尺和塞尺检验相邻构件的平整度，平整度不符合要求的，需要通过短斜撑调整，直至平整。

图 6.2.5-1　校正平面位置

图 6.2.5-2　校正垂直度

6.3 叠合楼板吊装

叠合楼板吊装
实拍

叠合楼板由预制底板与现浇叠合层构成。预制底板在工厂预制后运至现场吊装至设计位置，在进行叠合层钢筋、管线安装及混凝土浇筑时，预制底板起到了底模的作用，在装配整体式结构中，预制底板与叠合层共同受力。本节叠合楼板的吊装是指预制底板的吊装。

6.3.1　基本要求

叠合楼板施工 1

叠合楼板的预制底板安装应符合下列规定。

（1）预制底板吊装完成后，应对板底接缝高差进行校核，当不满足设计要求时，应将构件重新起吊，通过可调托座进行调节。

（2）预制底板的接缝宽度应满足设计要求。

（3）临时支撑应在后浇混凝土强度达到设计要求后拆除。

6.3.2　安装面处理

叠合楼板施工 2

（1）根据装配式结构施工图，在预制底板的结构支座面上或施工支撑面上弹出预制底板平面位置的控制线（板边线）及板端面搁置线。

（2）沿支座顶部板端面搁置线贴泡沫胶，防止浇筑叠合层混凝土时漏浆。

6.3.3　支撑安装及标高控制

叠合楼板施工 3

（1）板底宜采用独立钢支撑，也可采用扣件式、碗扣式或盘扣式等其他形式的支撑，支撑顶部设可调丝杠及顶托，顶托上安放工字木、铝合金工具梁或截面积为 100mm×100mm 的方木。

（2）根据预制板的定位，在地面安装钢支撑，当轴跨 L<4.8m 时，在跨内设置一道支撑；当轴跨满足 4.8m≤L≤6.0m 时，在跨内设置两道支撑，支撑与支座的距离不大于 500mm。在多层建筑中，各层竖向支撑应上下对齐，设置在一条竖直线上。

（3）临时支撑拆除应符合现行国家相关标准的规定，一般应保持持续两层楼板有支撑。

（4）如图 6.3.3-1 所示，当采用独立钢支撑时，先按照预制底板的底标高初步确定钢支撑内插管的外露长度，用回形钢插销固定。将 50 线通过激光抄平仪引测到支撑立柱上作为基准线，用卷尺测定方木顶部标高，通过调整钢支撑的高度使方木顶面处于预制底板底面设计标高位置，以此控制预制底板安装标高。方木顶面标高可采用拉通线的方式统一调整，如图 6.3.3-2 所示。

图 6.3.3-1 板底独立钢支撑

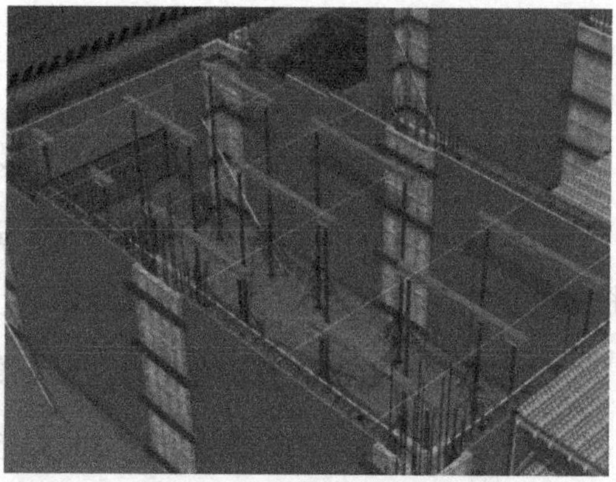

图 6.3.3-2 拉通线控制标高

（5）虽然叠合楼板的预制底板自带“底模”功能，但目前在装配整体式结构中，有些项目的预制底板的底部仍安装一定量的模板（木模或铝模，如图 6.3.3-3 和图 6.3.3-4 所示），原因如下。

① 预制底板的支座，即梁或墙板采用现浇技术时，需要支设模板。

② 当对现浇梁或墙板支设侧模时，向两侧扩展一圈具有一定宽度的平板，这样对现浇构件侧模的稳定性有利，同时可以作为预制底板吊装的走道或操作平台。

③ 在模板平面上，便于标记安装位置，也便于预制底板位置的调整。

④ 当叠合楼板采用双向板时，相邻两块预制底板间需要留设后浇带，一般为 300mm 宽，后浇带需要设置底模。

图 6.3.3-3 预制底板的木模支撑

图 6.3.3-4 预制底板的铝模支撑

图 6.3.3-5 为预制底板与支座有高差或水平间距的情况。当预制底板的底面与支座面高差较大，或者由于模数问题，预制底板与支座边有较大间距时，一般会沿支座周边设

置圈边龙骨（可采用铝模的阴角模板及转角模板作为圈边龙骨）。安装圈边龙骨需要事先在预制构件顶部预留对穿螺栓孔，圈边龙骨通过对拉螺栓固定，如图 6.3.3-6 所示。

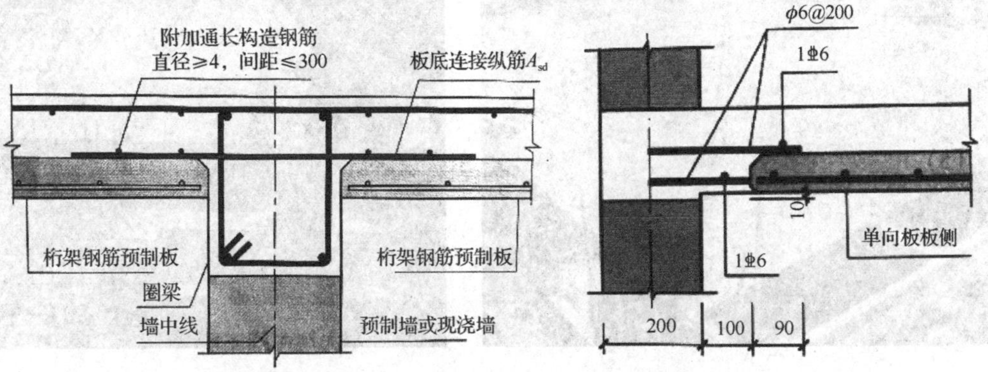

图 6.3.3-5　预制底板与支座有高差或水平间距

图 6.3.3-6　在预制底板下安装圈边龙骨

6.3.4　起吊就位

（1）预制底板应水平堆放，水平起吊，板面一般设置 4 个吊点，吊点可以采用预埋吊环（见图 6.3.4-1），也可以直接利用钢筋桁架的节点作为吊点（桁架筋需要加强）（见图 6.3.4-2）。当采用钢筋桁架起吊时，吊钩应钩挂在桁架筋上弦杆与斜腹杆交接处。

（2）预制底板起吊一般采用架式吊具。当采用梁式吊具时，4 根吊索与水平面的夹角不宜小于 60°，且不得小于 45°。

图 6.3.4-1　吊环起吊

图 6.3.4-2　桁架筋起吊

（3）当利用钢筋桁架节点起吊时，吊点位置需要在桁架筋上做好标记，如图 6.3.4-3 所示。

（4）预制底板起吊前，应明确底板的安装方向，预制底板表面标注的指示箭头应与装配施工图中的安装方向一致，如图 6.3.4-4 所示。

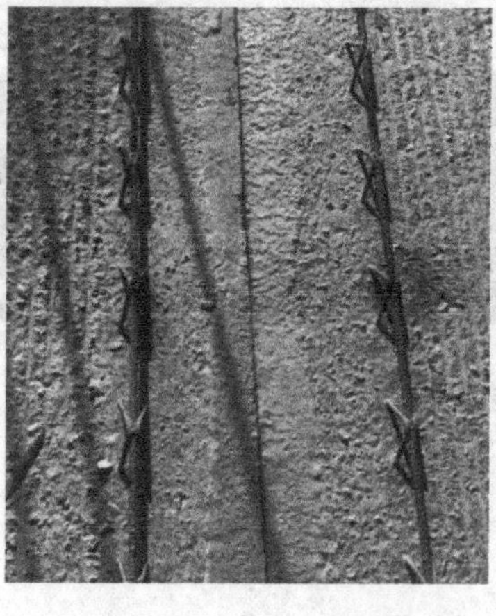

图 6.3.4-3　吊点标记

图 6.3.4-4　安装方向标记

（5）预制底板起吊挂钩由地面司索工完成，当需要溜绳时，一并固定在板上。确认挂钩无误后，周边人员撤离至安全位置，由地面信号工指挥吊机缓缓吊起。

（6）当板吊离地面 20～30cm 时停止，检查吊机、构件、吊具、吊索状态及周边环境，确认安全后继续指挥吊机提升。吊机提升起吊构件应缓慢、平稳。

（7）可利用溜绳控制板在空中吊运过程的姿态及稳定。

（8）当预制底板吊至安装楼层位置后，应交由楼面司索工负责指挥吊机工作。

（9）当预制底板吊至距离安装面约 1m 时，根据事先标记的安装控制线，吊装工手扶引导预制底板缓慢降落至支撑上。吊装工操作时应站在可靠平台上。

（10）当条件允许时，预制底板也可采用多块串吊的方式起吊，以提高吊装效率，串吊时，先安装的板位于下层，后安装的板位于上层，下层的预制底板的质量应通过吊索直接传递给吊具，不得传递给上层预制底板。

（11）叠合楼板的预制底板无论是单向板还是双向板，与支座（梁或墙）连接端一般均设有出筋，在预制底板就位时，端部出筋与支座顶部钢筋容易产生冲突，导致预制底板难以就位。目前主要有以下几种处理方法。

① 先安装绑扎支座顶部纵向钢筋，后吊装预制底板。

采用该方法，支座顶部钢筋安装较为方便，但是预制底板就位时需要调整板的姿态，使其一端倾斜，倾斜端钢筋穿入支座后落下另一端，有时需要将支座钢筋骨架撬起以配合预制底板就位，如图 6.3.4-5 所示。

图 6.3.4-5　先安装钢筋后就位

② 预制底板先就位，再安装支座钢筋，如图 6.3.4-6 所示。

采用该方法，预制底板就位方便，但支座钢筋安装麻烦，当支座钢筋直径较粗或配筋较密时，采用该方法较为困难。

图 6.3.4-6 先就位后安装钢筋

③ 支座顶部纵向钢筋在预制底板就位后绑扎。

采用该方法，可将支座底部、中部纵向钢筋及箍筋先绑扎固定，先将顶部影响预制底板就位的纵向钢筋偏置在一侧，待预制底板就位后，将纵向钢筋归位并绑扎固定。

以上 3 种方法具体采用哪一种，需要根据现场实际情况，并与钢筋、吊装各工种沟通协调后确定。无论采用哪种方法，均应满足以下要求。

不得暴力施工，下道工序施工不得破坏上道工序的成果。

不得暴力就位，未经设计允许，不得拆除、破坏或掰弯影响就位的钢筋。确遇无法就位的情况，应提请设计处理。

6.3.5 调整校正

（1）预制底板初步就位后，根据控制线精确调整位置，复核板底标高，通过支撑微调，确认无误后将支撑方木与板底顶紧。

（2）当预制底板位置需要微调时，可采用撬棍进行纠正，当偏差较大时，可使用倒链将需要调整的一边稍提起，再利用撬棍，采用“撬”“磨”“拨”等技巧进行调整。

6.4 预制柱吊装

6.4.1 基本要求

（1）宜按角柱、边柱、中柱顺序进行安装，与现浇部分连接的柱宜先吊装。

（2）预制柱的就位以轴线和外轮廓线为控制线，对于边柱和角柱，应以外轮廓线控制为准。

（3）就位前应设置柱底调平装置，控制预制柱的安装标高。

（4）预制柱安装就位后，应在两个方向设置可调节临时固定措施，并应进行垂直度、扭转调整。

6.4.2　安装面处理

（1）将安装结合面凿毛并清理干净（也可在楼板叠合层混凝土初凝前拉毛）。

（2）根据定位轴线，在安装面上弹出预制柱的边线及 200 控制线。

（3）应将安装面外露钢筋表面包裹的水泥浆或黏附的其他杂物清理干净，以免影响套筒灌浆连接，如图 6.4.2-1 所示。

现浇结构施工后，外露连接钢筋的位置、尺寸允许偏差及检验方法如表 6.4.2-1 所示。

表 6.4.2-1　外露连接钢筋的位置、尺寸允许偏差及检验方法

项　目	允许偏差/mm	检验方法
中心位置	+3 0	尺量
外露长度	+15 0	

（4）检查安装面外露钢筋的位置及长度，确保预制柱的套筒能与外露钢筋对齐并顺利下降就位。可按照预制柱底部尺寸及套筒位置制作定位模具，采用定位模具检验外露钢筋的位置。

当钢筋外露长度超过允许偏差时，应对超长部分进行切割，以免影响套筒就位，应采用机械物理切割，不得采用气焊、气割。对于有负偏差的钢筋，或者钢筋位置偏移较大时，应提请设计出具补救方案，不能私自将钢筋切除或不做处理。

对于垂直度有小偏差的钢筋，可采用撬棍小心调整至顺直，如图 6.4.2-2 所示；对于弯折较大的钢筋，现场无法纠正的，应提请设计出具补救方案。

图 6.4.2-1　钢筋表面清理

图 6.4.2-2　钢筋垂直度校正

当下一层竖向结构为现浇时，其顶部外露钢筋的位置易发生较大偏移，可能造成钢筋无法顺利插入上层预制构件的套筒内，导致预制构件无法就位。为避免该情况的发生，可在下层结构施工时，在钢筋顶部安装钢筋定位框，保证钢筋的位置不因扰动而发生偏移，如图 6.4.2-3 所示。

图 6.4.2-3　现浇结构钢筋顶部定位措施

6.4.3　标高控制

在装配式结构中，预制柱安装就位后，其底面标高在楼板结构面标高以上 20mm，如图 6.4.3-1 所示，这样设计的作用有：①避免楼板混凝土浇筑标高的偏差影响预制柱的安装；②便于从底部调整预制柱的安装标高，消除偏差；③便于在预制柱底部进行灌浆连接。

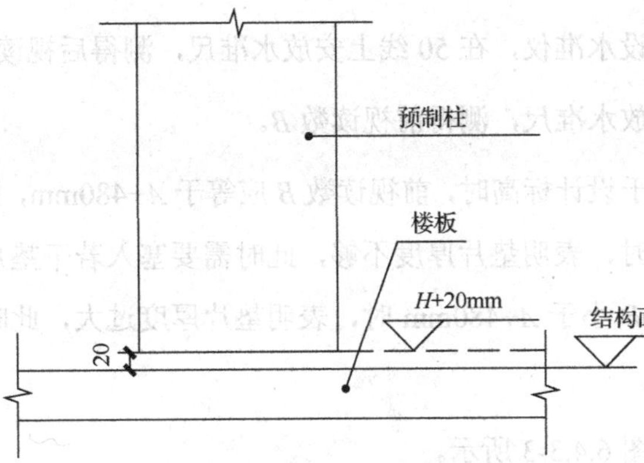

图 6.4.3-1 预制柱底部标高

在实际施工中，预制柱底部标高可通过垫片控制。预制柱就位前，在安装面范围内的楼板上搁置钢制或硬质塑料垫片，根据楼板结构面层的实际标高，通过调整垫片的厚度来保证预制柱底部设计标高。垫片可由 1mm、2mm、3mm 等不同厚度进行组合使用。

预制柱底部的支承垫片应设置在结合面的 3 个点上，并应呈三角形分布，同时保持足够的间距。单块支承垫片的面积不宜大于构件连接面面积的 3%，并不宜因面积过小而使构件接触面产生压痕。

可以采用以下两种测量方案控制预制柱的底面标高。

第一种测量方案如图 6.4.3-2 所示。

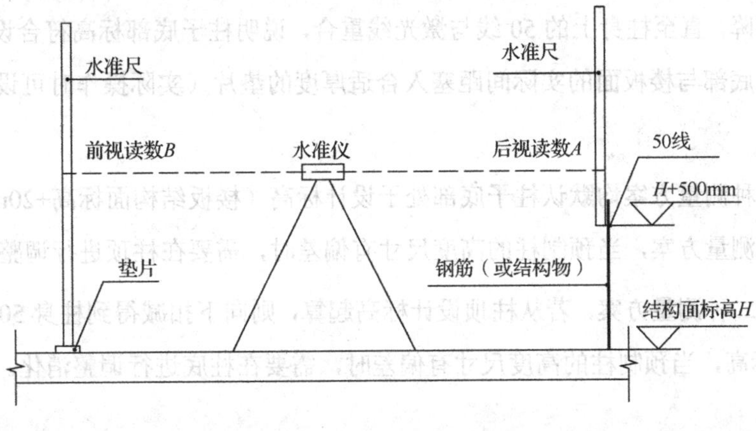

图 6.4.3-2 第一种测量方案

（1）在周边结构或钢筋上测设出结构 50 线（高于楼板结构面标高 500mm）并标记。

（2）在合适位置架设水准仪，在 50 线上安放水准尺，测得后视读数 *A*。

（3）在垫片顶部安放水准尺，测得前视读数 *B*。

当柱子底部刚好等于设计标高时，前视读数 *B* 应等于 *A*+480mm，因此，当前视实际读数 *B* 大于 *A*+480mm 时，表明垫片厚度不够，此时需要塞入若干垫片，直至读数满足要求；当前视实际读数 *B* 小于 *A*+480mm 时，表明垫片厚度过大，此时需要抽出若干垫片，直至读数满足要求。

第二种测量方案如图 6.4.3-3 所示。

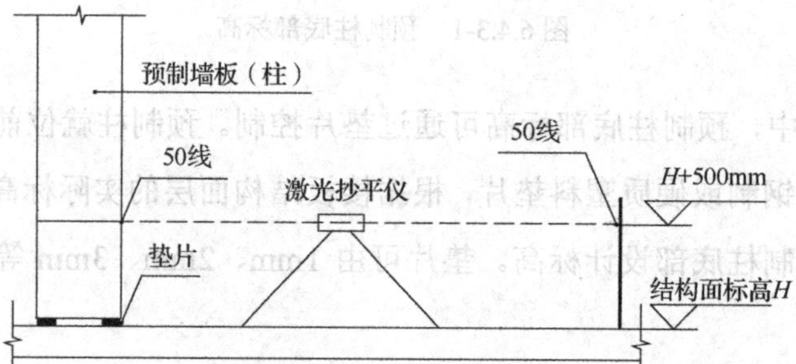

图 6.4.3-3　第二种测量方案

（1）在周边结构或钢筋上测设出结构 50 线（高于楼板结构面标高 500mm）并标记。

（2）自柱子底部向上测量 480mm，弹出 50 线标高。

（3）在合适位置架设激光抄平仪，将激光线调整至与 50 线重合，起吊预制柱至安装面后缓慢下降，直至柱身上的 50 线与激光线重合，说明柱子底部标高符合设计要求，此时根据柱子底部与楼板面的实际间距塞入合适厚度的垫片（实际操作时可设置千斤顶进行微调）。

上述两种测量方案均默认柱子底部处于设计标高（楼板结构面标高+20mm）上，采用以上两种测量方案，当预制柱的高度尺寸有偏差时，需要在柱顶进行调整消化。

对于第二种测量方案，若从柱顶设计标高起算，则向下扣减得到柱身 50 线，依据此 50 线控制标高，当预制柱的高度尺寸有偏差时，需要在柱底进行调整消化。

6.4.4　起吊就位

（1）柱子顶部一般设置 2～4 个吊点，吊点可采用吊环或吊钉，如图 6.4.4-1 所示。

（2）预制柱起吊挂钩由地面司索工完成，当需要溜绳时，一并固定在柱上，如图 6.4.4-2 所示。

图 6.4.4-1 预制柱吊点

图 6.4.4-2 预制柱溜绳

（3）确认挂钩无误后，周边人员撤离至安全位置，由地面信号工指挥吊机缓缓吊起柱子。

（4）由于柱子一般采用水平堆放，所以起吊时要以柱底为转点，先将柱子顶部缓慢抬离地面，直至整根柱子处于竖直状态再继续提升。在柱子竖起过程中，为防止柱子底部与地面挤压磕碰损坏，需要事先在柱底铺垫缓冲材料进行保护。

（5）预制柱完全竖起后，由信号工指挥吊机缓慢将柱子吊离地面 20～30cm 时停止，检查吊机、构件、吊具、吊索状态及周边环境，确认安全后继续指挥吊机提升。吊机提升起吊构件应缓慢、平稳。

（6）可利用溜绳控制柱子在空中吊运过程的姿态及稳定。

（7）当柱子吊至安装楼层位置后，应交由楼面司索工负责指挥吊机工作。吊装工事先在安装位置摆好斜撑。

（8）当柱子吊至距离安装面约 1m 时，吊装工上前手扶，引导柱子缓慢降落，当柱底降至外露钢筋顶部约 10cm 时停止，利用镜子观察地面外露钢筋与柱子底部套筒的位置关系，确认每根钢筋能够顺利穿入套筒后缓慢下落至设计标高。

（9）柱子吊装就位后，立即安装斜撑，斜撑分别设置在柱子相邻两面上。

6.4.5 调整校正

（1）利用地面控制线复核柱子平面位置，截面较小的柱子的平面位置偏差可采用撬棍调整，较大的柱子可采用千斤顶调整。当采用撬棍调整时，应采用衬垫材料保护柱身不被破坏。

（2）用经纬仪或靠尺检查柱子垂直度，分别检查相邻的两个面，当垂直度有偏差时，可通过旋转斜撑改变支撑长度的方式进行调整。

6.5 预制梁吊装

6.5.1 基本要求

全预制梁（见图 6.5.1-1）或叠合梁（见图 6.5.1-2）的安装应符合下列规定。

（1）安装顺序宜遵循先主梁后次梁、先低后高的原则。

（2）安装前，应测量并修正临时支撑标高，确保其与梁底标高一致，并在柱上弹出梁边控制线；安装后根据控制线进行精密调整。

（3）安装前，应复核柱钢筋与梁钢筋的位置、尺寸，当梁钢筋与柱钢筋位置有冲突时，应按经设计单位确认的技术方案调整。

（4）安装时，梁伸入支座的长度与搁置长度应符合设计要求。

（5）安装就位后，应对水平度、安装位置、标高进行检查。

（6）叠合梁的临时支撑应在后浇混凝土强度达到设计要求后拆除。

预制叠合梁安装

图 6.5.1-1　全预制梁

图 6.5.1-2　叠合梁

6.5.2　安装面处理

（1）根据装配式结构施工图，在已安装完成的竖向构件侧面弹出预制梁平面位置的控制线（梁边线），在竖向构件顶面弹出梁端面搁置线。

（2）在梁柱核心区，柱子的第一道箍筋需要先安装就位，待梁吊装就位后安装其余箍筋。

（3）复核梁柱节点处柱子外露纵筋的位置，避免与预制梁锚固钢筋发生冲突。

6.5.3　支撑安装及标高控制

（1）梁底宜采用独立钢支撑，也可采用扣件式、碗扣式或盘扣式等其他形式的支撑，支撑顶部设可调丝杠及顶托，顶托上安放工字木、铝合金工具梁或截面积为 100mm×100mm 的方木。

（2）根据预制梁的定位，在地面安装钢支撑，支撑间距应符合设计要求，设计无要求时，若跨度小于或等于 4m，则应设置不少于 2 道支撑；若跨度大于 4m，则应设置不少于 3 道支撑，如图 6.5.3-1 所示。

（3）当采用独立钢支撑时，先按照预制梁底标高初步确定钢支撑内插管的外露长度，然后用回形钢插销固定。

（4）将 50 线通过激光抄平仪引测到支撑立柱上作为基准线，用卷尺测定方木顶部标高，通过调整钢支撑的高度，使方木顶面处于预制梁底面设计标高位置，以此控制预制梁的安装标高。方木顶部标高可采用拉通线的方式统一调整。

图 6.5.3-1　梁底支撑

6.5.4　起吊就位

（1）一般在预制梁的顶面预埋吊环（见图 6.5.4-1）或吊钉（见图 6.5.4-2）作为吊点。当采用点式吊具起吊时，钢丝绳与水平面的夹角不宜小于 60°，且不应小于 45°；当梁跨度较大时，一般采用梁式吊具起吊，如图 6.5.4-3 所示。

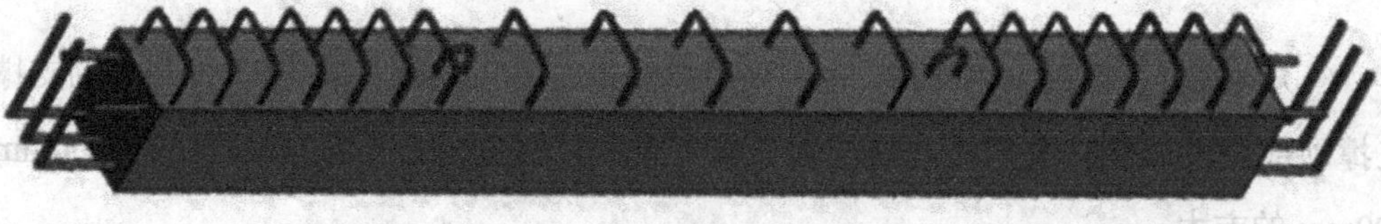

图 6.5.4-1　预制梁吊环

（2）预制梁起吊挂钩由地面司索工完成，当需要溜绳时，一并固定在梁上。确认挂钩无误后，周边人员撤离至安全位置，由地面信号工指挥吊机缓缓吊起。

（3）当梁吊离地面 20～30cm 时停止，检查吊机、构件、吊具、吊索状态及周边环境，确认安全后继续指挥吊机提升。吊机提升起吊构件应缓慢、平稳。

（4）可利用溜绳控制梁在空中吊运过程的姿态及稳定。

图 6.5.4-2 预制梁吊钉

图 6.5.4-3 预制梁起吊

（5）当预制梁吊至安装楼层位置后，应交由楼面司索工负责指挥吊机工作。

（6）当预制梁吊至距离安装面约 1m 时，根据柱顶事先标记的安装控制线，吊装工手扶引导预制梁缓慢降落至支撑上。

（7）吊装工操作时应站在可靠平台上，并系安全带。

6.5.5 调整校正

（1）预制梁初步就位后，根据柱顶控制线精确调整其位置。

（2）复核梁底标高，通过支撑微调，确认无误后，将梁底支撑与梁底顶紧。

6.6 预制楼梯吊装

预制楼梯施工 1　　预制楼梯施工 2　　预制楼梯施工 3

楼梯一般采用梯段单独预制的形式，楼梯平台可现浇或采用叠合板，平台梁处应预留预制梯段的安装面。

预制楼梯在装配式结构中通常被设计成简支构件，通过特定的构造，使梯段的上端受力可简化成固定铰支座（见图 6.6-1），下端受力可简化成滑动铰支座（见图 6.6-2）。

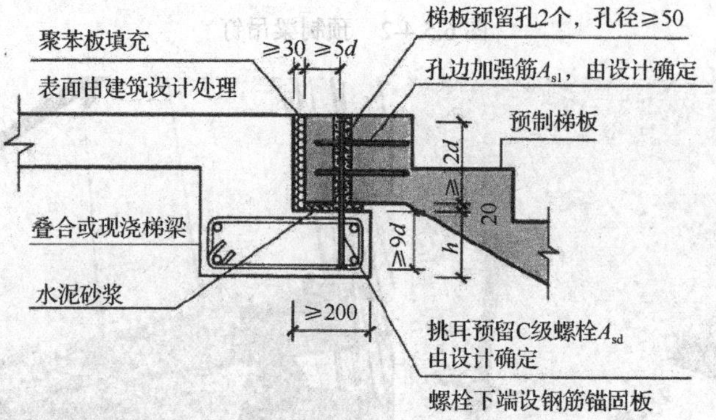

图 6.6-1　梯段上端固定铰支座（单位：mm）

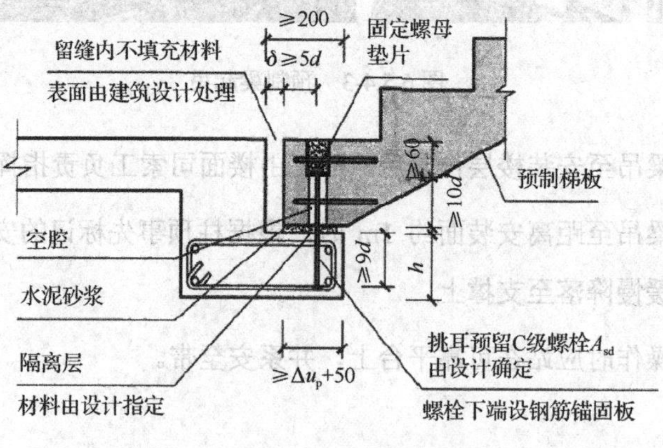

图 6.6-2　梯段下端滑动铰支座（单位：mm）

6.6.1 安装面处理

（1）检查上下支座处预留螺栓的位置、长度、垂直度，确保楼梯就位时能顺利插入销键预留洞内。

（2）在平台板上弹出楼梯安装左右边线，同时弹出前端控制线。

平面位置控制线如图 6.6.1-1 所示，安装标高控制线如图 6.6.1-2 所示。

图 6.6.1-1　平面位置控制线

图 6.6.1-2　安装标高控制线

（3）在工厂制作时，预制楼梯的可见面一般与钢模直接接触，成型后表面非常平整光洁，表面防滑槽、栏杆预埋件等在工厂均能完成留置。这样的楼梯在住宅建筑及一般公共建筑中不需要再做饰面；而楼梯的平台，特别是楼层平台则一般需要随楼层一同做建筑面层，故预制楼梯上下两个踏面与平台间需要留置出饰面做法厚度，需要对梯段的安装标高进行控制。

（4）在上下支座的安装面上放置垫片，垫片厚度根据标高进行调整（见图 6.6.1-3），并用砂浆找平（见图 6.6.1-4）。

注意：下支座的砂浆层下宜铺垫隔离层。

图 6.6.1-3　标高控制垫片

图 6.6.1-4　砂浆找平

6.6.2　吊装就位

预制楼梯一般设置 4 个吊点，多采用吊钉或内置螺母，这样的吊点不凸出踏面，方便后期处理（注意：当采用内置螺母时，要做好螺母的保护，防止掉入杂物堵塞，造成吊具螺杆无法拧入）。

（1）预制楼梯可采用梁式吊具起吊，吊索与水平面夹角不宜小于 60°，且不应小于 45°；或者采用架式吊具起吊，4 根吊索平行竖直，受力更合理。

（2）为保证梯段踏面在起吊过程中能处于水平状态，吊索采用两长两短的方式组合，靠近上支座的两根吊索短，靠近下支座的两根吊索长。

（3）如图 6.6.2-1 所示，起吊楼梯一般需要与倒链配合，倒链在楼梯吊装中有以下作用。

① 在楼梯安装位置较复杂或空间狭小时，楼梯下降时可能需要借助倒链提升梯段的一端，加大倾角，便于下落。

② 楼梯就位后，当安装位置出现偏差时，需要利用倒链将楼梯一端稍提起，调整后重新就位。

图 6.6.2-1　楼梯吊装倒链

（4）楼梯起吊挂钩由地面司索工完成，当需要溜绳时，一并固定在楼梯上。确认挂钩无误后，周边人员撤离至安全位置，由地面信号工指挥吊机缓缓起吊。

（5）当楼梯吊离地面 20～30cm 时停止，检查吊机、构件、吊具、吊索状态及周边环境，确认安全后继续指挥吊机提升。吊机提升起吊构件应缓慢、平稳。

（6）可利用溜绳控制楼梯在空中吊运过程的姿态及稳定。

（7）当楼梯吊至安装楼层位置后，应交由楼面司索工负责指挥吊机工作。

（8）吊装工分别站在楼层平台及休息平台处，根据控制线位置，手扶引导楼梯缓慢降落，直至就位，如图 6.6.2-2 所示。

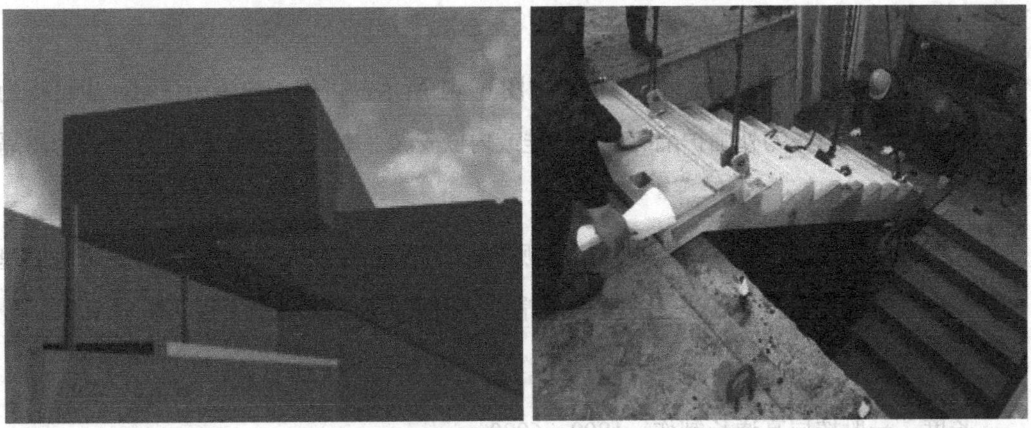

图 6.6.2-2　楼梯安装就位

（9）楼梯就位后，及时在销键预留洞内灌浆。

注意：上支座处的销键预留洞内应满灌，下支座处应先将销键顶部螺帽拧好，仅螺帽以上部分灌浆。

6.6.3 调整校正

（1）根据前后左右的控制线复核楼梯的平面位置，如图 6.6.3-1 和图 6.6.3-2 所示。

（2）根据标高控制线复核楼梯上下踏面的标高。

（3）可采用撬棍进行调整，或者采用倒链吊起调整后重新就位。

图 6.6.3-1 前后位置校正

图 6.6.3-2 左右位置校正

6.7 蒸压加气混凝土墙板（ALC 板）安装

蒸压加气混凝土墙板简称 ALC 板，如图 6.7-1 所示，可作为内隔墙使用，也可作为外围护墙使用，当作为外围护墙时，可外挂或内嵌安装。本节主要阐述 ALC 板作为内隔墙时的施工工艺。

ALC 板以硅质材料和钙质材料为主要原料，以铝粉为发气剂，内置经防腐防锈处理的钢筋网片，经加水搅拌、浇注成型、预养切割、蒸压养护制成。

ALC 板的主要规格如下。

长度：一般按层高通长制作，1800～6000mm。

宽度：600mm。

厚度：75mm、100mm、120mm、125mm、150mm、175mm、200mm、250mm。

图 6.7-1 蒸压加气混凝土墙板（ALC 板）

当墙板厚度不大于 100mm 时，宜采用平口板，如图 6.7-2 所示；当厚度大于 100mm 时，宜采用企口板，如图 6.7-3 所示。

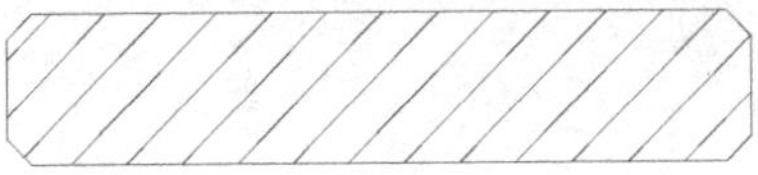

图 6.7-2 平口板

图 6.7-3 企口板

6.7.1 一般规定

（1）ALC 板安装前，应对主体工程中与板材有关的相关尺寸进行复核，当超出允许偏差时，应进行调整。

（2）安装前应清除板面的渣屑、污渍。

（3）ALC 板的安装宜按以下工艺流程进行：弹线放样→按设计要求焊接安装所需的角钢、支撑件（需要时）→按设计要求安装洞口加固角钢或安装洞口两边板后安装扁钢加固框（需要时）→板上钻孔或切割等准备→板就位→安装固定配件→校正位置→防锈修补（需要时）→板缝处理。

（4）在安装 ALC 板时，应安装一块调整一块，保证墙面的垂直度和平整度。

（5）ALC 板的安装顺序宜从门洞处向两端依次进行，门洞两侧宜采用整块板，对于无门洞口的隔墙，应从一端向另一端顺序安装。

（6）在竖装隔墙门窗洞口上使用过梁板时，过梁板伸入洞口边板的长度不应小于 100mm。

（7）ALC 板的安装就位调整应采用专用工具，就位时应慢速轻放，撬动时用宽幅撬棍进行调整，微调时用橡皮锤或加垫木敲击，避免损伤板材。

（8）无槽口板材间的接缝应使用专用黏结剂满铺粘贴，黏结剂厚度为 5mm 并挤出为宜。

（9）安装完成后，按设计要求使用专用黏结砂浆或密封胶嵌缝。

（10）当 ALC 板作为外挂墙板吊装时，应采用宽度不小于 50mm 的软吊带或专用夹具、叉车进行装卸和垂直运输，运输时应采取绑扎措施。

（11）ALC 板安装完成 7d 后方可进行饰面施工，饰面宜采用专用材料薄抹灰工艺。

（12）ALC 板开槽时，应采用轻型电动切割机并辅以手工搂槽器。开槽深度不宜超过墙厚的 1/3，墙厚小于 120mm 的墙体不得双向对开管线槽。管线开槽位置距离门窗洞口边不宜小于 200mm。

6.7.2 墙板安装

（1）工具准备。

ALC 板安装需要以下工具及材料：撬棍、手翻车、橡皮锤、多用斧、手提式切割机、射钉枪、钢齿磨板、抹刀、墨斗、专用黏结剂及砂浆、管卡或 U 型卡等固定件。

（2）根据排版图，在安装面上进行弹线，包括墙体定位线、门窗洞口位置线及标高线等，如图 6.7.2-1 所示。

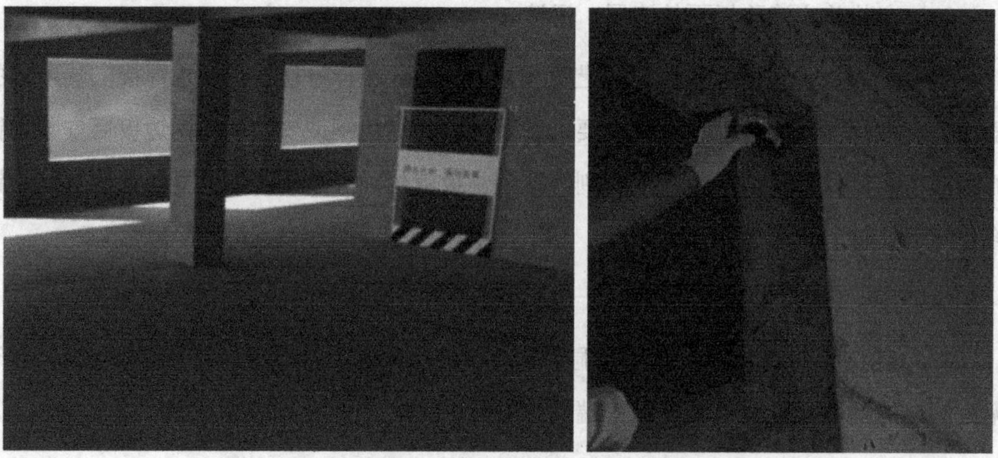

图 6.7.2-1 弹线定位

（3）利用手翻车将待安装的墙板转运至安装面。

（4）在手翻车上，按排版尺寸要求对墙板进行弹线，用手提式切割机进行切割加工。

（5）将管卡钉入墙板顶部，每块墙板设一个管卡，管卡距离板顶边角不小于80mm，如图6.7.2-2所示。

（6）在墙板顶部安装柔性垫块，用射钉固定，垫块厚度约20mm。靠混凝土结构柱或墙的第一块板的侧面也宜安装柔性垫块，使轻质墙板与结构之间形成弹性连接，减小结构变形对墙板的影响，如图6.7.2-2所示。

（7）由2～3人配合竖起墙板，按照定位线安装墙板，用宽头撬棍调整墙板位置，直至安装就位，如图6.7.2-3所示。

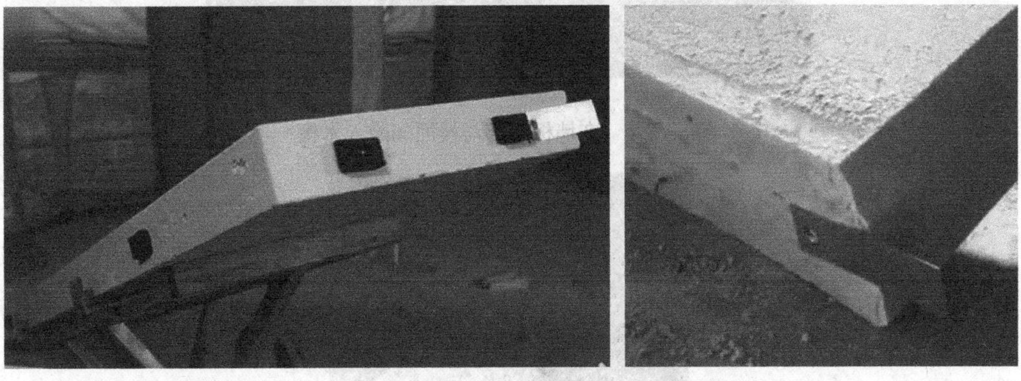

图6.7.2-2 在墙板上固定管卡及柔性垫块

图6.7.2-3 墙板就位

（8）用靠尺检查墙板垂直度，对偏差进行调整。

（9）墙板位置及垂直度调整完成后，在墙板底部与楼面间隙敲入木楔顶紧（见图 6.7.2-4），顶部用射钉将管卡与结构梁或板固定（见图 6.7.2-5）。

图 6.7.2-4　在墙板底部与楼面间敲入木楔

图 6.7.2-5　管卡与结构梁固定

（10）相邻墙板侧面采用专用黏结剂连接。

（11）门洞两侧的墙板侧面可粘贴 100mm 宽窄板，作为门上搁板的支柱。

（12）墙板安装完毕后，需要检查整面墙板的平整度，对不符合要求的墙板，可通过锤击底部木楔微调。对板面因制作问题造成的拼缝不平整情况，可采用钢齿磨板进行修整。

（13）对墙板安装过程中造成的可能影响装饰施工的缺损，采用专用修补剂进行修补。

（14）采用 1:3 水泥砂浆填塞墙板底部缝隙，待砂浆达到一定强度后拔除木楔，用水泥砂浆填塞木楔孔洞。

（15）在墙板与结构之间的缝隙塞入弹性 PE 棒并打 PU 发泡剂，如图 6.7.2-6 所示。

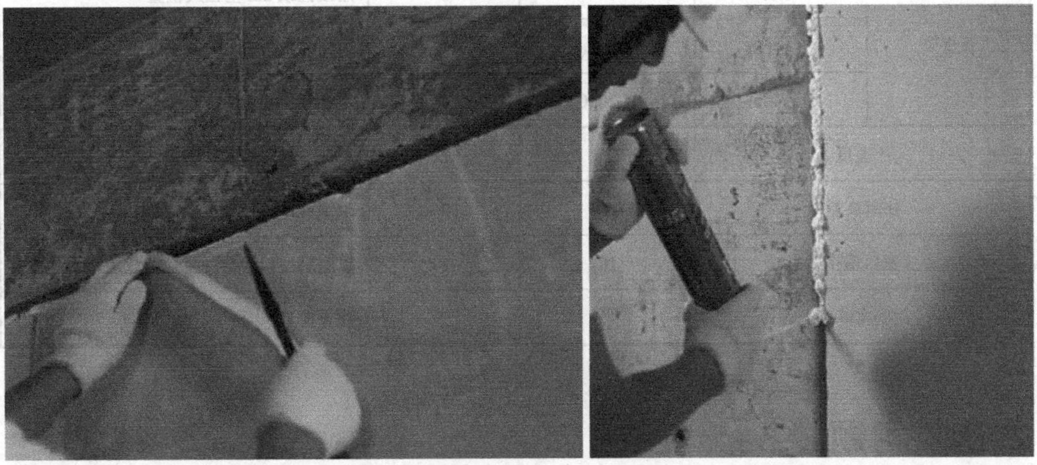

图 6.7.2-6　在墙板与结构之间的缝隙塞入弹性 PE 棒并打 PU 发泡剂

6.7.3　质量要求

ALC 板现场施工质量应符合下列规定。

（1）板材与主体结构的连接方法应符合设计要求，与主体结构的连接必须牢固。

检验方法：目测、检查施工记录和隐蔽工程验收记录。

（2）板缝处理、构造节点及嵌缝做法应符合设计要求。

检验方法：目测、检查施工记录和隐蔽工程验收记录。

（3）ALC 板的安装允许偏差应符合表 6.7.3-1 的规定。

表 6.7.3-1　ALC 板的安装允许偏差

项　目	允许偏差/mm		检验方法
	外墙板	内墙板	
轴线位置	5	5	用经纬仪或拉通线尺量检查
底面或顶面标高	±5	±5	水准仪或拉线、尺量

续表

项目		允许偏差/mm		检验方法
		外墙板	内墙板	
垂直度	每层	5	3	用线锤或2m垂直尺检查
	H≤40m	20	/	用经纬仪检查
	H＞40m	H/2000		用经纬仪检查
平整度		3	2	用2m靠尺和塞尺检查
拼缝高差		3	2	用钢直尺和塞尺检查
窗口偏移		10	/	以底层窗口为准，用经纬仪或吊线检查
门窗框高宽		±5	±5	尺量检查

本章复习题

1. 填空题

（1）预制楼梯吊装时，根据已放出的楼梯控制线，将构件精准定位，先保证楼梯两侧准确定位，再使用________调节楼梯水平。

（2）《建筑施工起重吊装工程安全技术规范》（JGJ 276—2012）等文件规定，开始起吊时，应先将构件吊离地面________后暂停，检查起重机的稳定性、制动装置的可靠性，以及构件的平衡性和绑扎。

（3）在进行装配式结构连接施工时，构件连接处浇筑用材料的强度及收缩性能应满足设计要求。如果设计无要求，则浇筑用材料的强度等级值不应低于连接处构件混凝土强度设计等级值的较大值；粗骨料最大粒径不宜大于连接处最小尺寸的________。

（4）预制构件安装就位后，应及时采取临时固定措施。预制构件与吊具的分离应在校准定位及________后进行。

（5）《装配式混凝土结构技术规程》（JGJ 1—2014）规定，预制构件的混凝土强度等级不宜低于________；预应力混凝土预制构件的混凝土强度等级不宜低于________，且不应低于________；现浇混凝土的强度等级不应低于________。

（6）《装配式混凝土建筑技术标准》（GB/T 51231—2016）规定，预制楼板中预埋线盒在水平方向的中心位置允许偏差为________mm。

（7）在楼梯安装起吊过程中，踏步的踏面应保持________。

（8）当计算中充分利用钢筋的抗拉强度时，受拉钢筋的锚固长度应根据锚固条件按公式计算，且不应小于________。

（9）在建筑制图中，索引符号应由直径为________mm 的圆和水平直线组成。

（10）预制楼梯梯段板支座处为销键连接，上端支承处为________，下端支承处为________。

（11）《混凝土结构工程施工质量验收规范》（GB 50204—2015）规定，预制梁、板构件的搁置长度允许偏差为________mm。

（12）绿色施工是在保证质量、安全等基本要求的前提下，通过科学管理和技术进步，最大限度地节约资源，减少对环境的负面影响，实现________、节材、节水、节地和环境保护的建筑工程施工活动。

（13）装配式混凝土建筑施工中采用的新技术、新工艺、新材料、新设备应按有关规定进行评审、备案。施工前应对新的或首次采用的施工工艺进行评价，并应制定专门的施工方案。施工方案经________审核批准后实施。

（14）《装配式混凝土结构技术规程》（JGJ 1—2014）规定，吊装时，吊具应按国家现行有关标准的规定进行设计、验算和试验检验。吊具应根据预制构件的形状、尺寸及质量等参数进行配置，吊索水平夹角不应小于________°。

（15）当预制构件出现有影响结构性能或使用功能的缺陷时，应________。

（16）《装配式混凝土建筑技术标准》（GB/T 51231—2016）等标准文件规定，预制构件在吊装过程中，宜设置________控制构件转动。

（17）根据《混凝土结构工程施工质量验收规范》（GB 50204—2015），叠合板安装标高允许偏差应满足±________mm 的要求。

（18）《混凝土结构工程施工质量验收规范》（GB 50204—2015）规定，预制构件预留插筋外露长度允许偏差为________mm。

（19）预制构件的预埋螺栓的中心线位置偏移的允许偏差为__________mm。

（20）预制叠合楼板底板厚度由于脱模、吊装、运输、施工等因素，最小厚度不宜小于__________mm。

（21）预制柱翻身时，应确保本身能承受自重产生正负弯矩值，其两端距端面__________柱长处应垫方木或枕木垛。

（22）悬臂结构底模及支架拆除时的混凝土强度要求达到设计混凝土强度等级值的__________方可拆除。

（23）《混凝土结构工程施工质量验收规范》（GB 50204—2015）规定，后张法预应力筋锚固后，锚具外预应力筋的外露长度不应小于其直径的__________倍，且不应小于__________mm。

（24）《混凝土结构工程施工质量验收规范》（GB 50204—2015）规定，光圆钢筋弯弧内径不应小于钢筋直径的__________倍。

（25）预制构件出厂时的混凝土强度不宜低于设计混凝土强度等级值的__________。

（26）构件进场前，每批构件的具体进场时间及进场次序应__________。

（27）预制墙板的安装方向是指__________。

（28）对于同一厂家、同类型、同一钢筋来源的成型钢筋，不超过__________为一批，按照相应标准进行进场检验。

（29）《装配式混凝土建筑技术标准》（GB/T 51231—2016）规定，预制墙板构件中的预埋钢板与混凝土面层平面高差的允许偏差为__________mm。

（30）装配式工业厂房吊车梁的吊装应在柱子杯口基础二次浇筑的混凝土达到设计强度__________以上时进行。

（31）预制楼板吊至梁、墙上方__________后，应调整板位置，使板锚固筋与梁箍筋错开，根据板边线和板端面搁置线准确就位。

（32）叠合楼板的底板采用竖向支撑，当轴跨__________时，跨内设置一道支撑；当轴跨__________时，跨内设置两道支撑。

（33）装配式结构施工后，其__________不应有严重缺陷，且不应有影响结构性能和安装、使用功能的尺寸偏差。

（34）在装配整体式框架结构中，预制柱水平接缝处不宜出现________。

（35）预制构件脱模起吊时的混凝土强度应经计算确定，且不宜小于________MPa。

（36）构件连接钢筋偏离套筒或孔洞中心线不宜超过________mm。

（37）预制楼板的叠合层混凝土浇筑完毕后，________内不得在其上踩踏或安装模板及支架。

（38）构件起吊过程中应保持稳定，不得偏斜、摇摆和扭转，严禁吊装构件长时间________。

（39）叠合楼板的底板安装就位前，应在跨内及距离支座________mm 处设置竖向支撑。

（40）在进行装配式结构连接施工时，节点、水平缝应一次性浇筑密实；垂直缝可逐层浇筑，每层浇筑高度不宜大于________。

（41）预制叠合板外露桁架钢筋、埋件在混凝土浇筑前宜采取________措施，防止混凝土滴落在上面。

（42）《装配式混凝土结构技术规程》（JGJ 1—2014）规定，预制构件堆放时，构件支垫应坚实，垫块在构件下的位置宜与脱模、吊装时起吊的位置________。

（43）水平预制构件临时支撑的竖向连续支撑层数不宜少于________层且上下层支撑宜对准。

（44）装配式建筑构件吊装用吊具应根据预制构件的形状、尺寸及质量等参数进行配置，吊索水平夹角不宜小于________，且不应小于________；对尺寸较大或形状复杂的预制构件，宜采用有分配梁或分配桁架的吊具。

2．思考题

（1）竖向预制构件吊装怎样控制标高？

（2）水平预制构件吊装怎样控制标高？

第 7 章　套筒灌浆连接施工

7.1　概述及相关概念

在钢筋混凝土结构中，无论是现浇还是装配式，要使构件连接形成可靠结构，最重要的是要让钢筋具有可靠的锚固和连接。在装配整体式混凝土结构中，钢筋的连接方式除了常规的绑扎、焊接、套筒机械连接，还常用套筒灌浆连接及浆锚搭接连接两种方式。本章主要阐述套筒灌浆连接相关工艺。

钢筋浆锚搭接连接概述

浆锚搭接连接：在预制混凝土构件中预留孔道，在孔道中插入需要搭接的钢筋，并灌注水泥基灌浆料，从而实现钢筋的搭接连接。

钢筋浆锚搭接连接是将预制构件的受力钢筋在特制的预留孔洞内进行搭接的技术。构件安装时，将需要搭接的钢筋插入孔洞内至设定的搭接长度，通过灌浆孔向孔洞内灌入灌浆料，灌浆料凝结硬化后，完成两根钢筋的搭接连接。其中，预制构件的受力钢筋在采用有螺旋箍筋约束的孔道中进行搭接的技术称为钢筋约束浆锚搭接连接。

浆锚搭接连接示意图如图 7.1-1 所示，浆锚搭接波纹管预埋如图 7.1-2 所示。

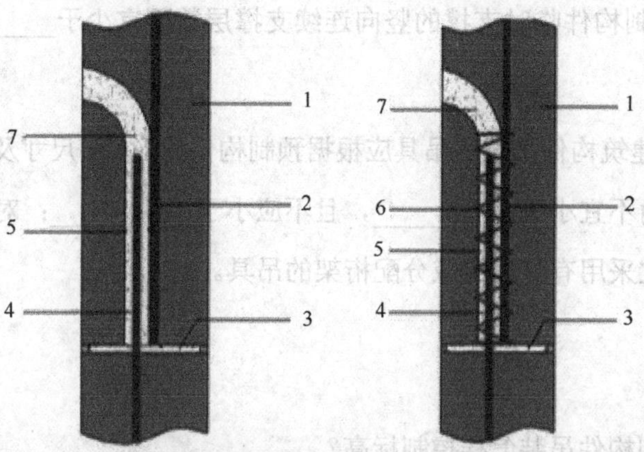

1—预制构件；2—预制构件中的钢筋；3—座浆层；4—下层预制构件的外露插筋；
5—金属波纹管；6—螺旋箍筋；7—灌浆料。

图 7.1-1　浆锚搭接连接示意图

图 7.1-2　浆锚搭接波纹管预埋

直径大于 20mm 的钢筋不宜采用浆锚搭接连接，直接承受动力荷载构件的纵向钢筋不应采用浆锚搭接连接。

钢筋套筒灌浆连接概述

当房屋高度大于 12m 或层数超过 3 层时，宜采用套筒灌浆连接。

钢筋套筒灌浆连接是在金属套筒中插入单根带肋钢筋并注入灌浆料拌合物，通过拌合物硬化形成整体并实现传力的钢筋对接连接，简称套筒灌浆连接，如图 7.1-3 所示。

图 7.1-3　套筒灌浆连接接

钢筋连接用灌浆套筒是采用铸造工艺或机械加工工艺制造，用于钢筋套筒灌浆连接的金属套筒，简称灌浆套筒。灌浆套筒可分为半灌浆套筒和全灌浆套筒。

半灌浆套筒是指一端采用套筒灌浆连接，另一端采用机械连接方式连接钢筋的灌浆套筒，如图 7.1-4 所示。

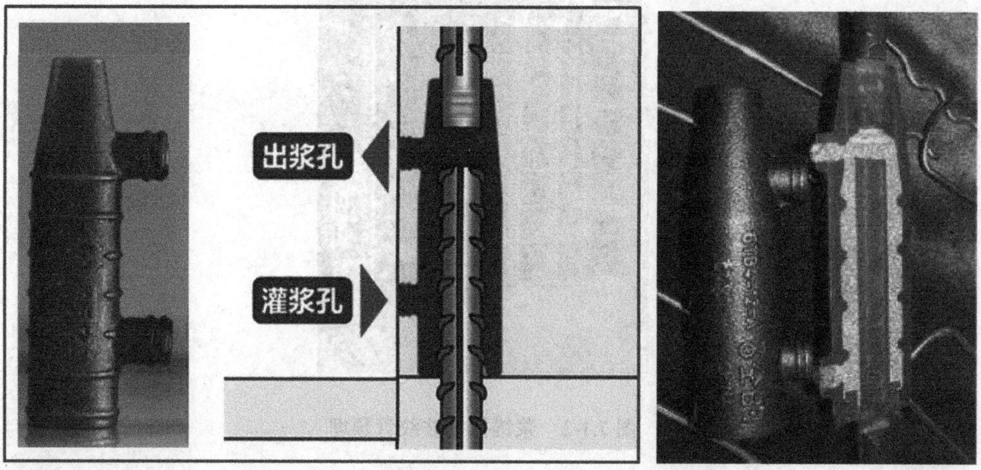

图 7.1-4　半灌浆套筒

全灌浆套筒是指两端均采用套筒灌浆连接的灌浆套筒，如图 7.1-5 所示。

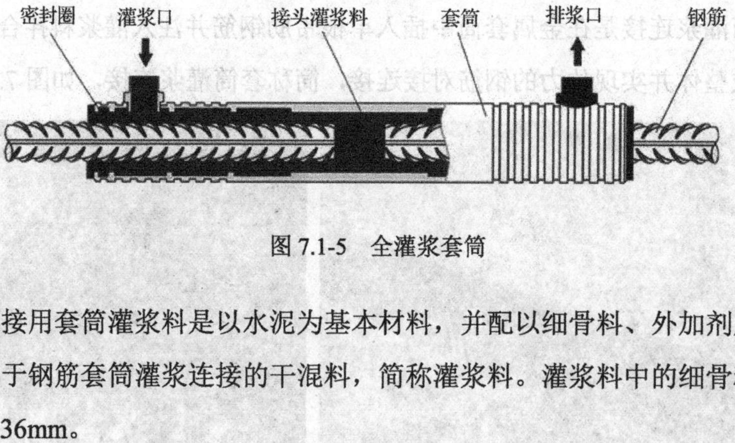

图 7.1-5　全灌浆套筒

钢筋连接用套筒灌浆料是以水泥为基本材料，并配以细骨料、外加剂及其他材料混合而成的用于钢筋套筒灌浆连接的干混料，简称灌浆料。灌浆料中的细骨料的最大粒径不应超过 2.36mm。

灌浆料拌合物是灌浆料按规定比例加水搅拌后，具有规定流动性、早强、高强及硬化后微膨胀等性能的浆体。

套筒灌浆的应用：竖向预制构件中钢筋的连接可采用全灌浆套筒或半灌浆套筒，预制梁中钢筋的连接宜采用全灌浆套筒。

预制墙半灌浆套筒如图 7.1-6 所示，预制梁全灌浆套筒如图 7.1-7 所示，预制柱全灌浆套筒如图 7.1-8 所示。

图 7.1-6　预制墙半灌浆套筒

图 7.1-7　预制梁全灌浆套筒

图 7.1-8　预制柱全灌浆套筒

套筒灌浆连接的传力机理如下。

（1）半灌浆套筒：上端钢筋与套筒通过丝扣拧紧，通过机械咬合传力；下端钢筋插入套筒内，被灌浆料包裹，灌浆料硬化至设计强度后，下端钢筋受到灌浆料的握裹力，本质上就是钢筋在混凝土中的锚固，锚固效果主要由以下几种作用力贡献：钢筋与灌浆料间的摩擦力、钢筋肋与灌浆料间的机械咬合力、钢筋表面与灌浆料间的化学胶结力。此外，套筒内壁上也设有肋槽，可以增强灌浆料与套筒内壁的咬合。

（2）全灌浆套筒：两根钢筋均伸入套筒内部，灌浆后，两根钢筋均被灌浆料包裹，其传力机理与半灌浆套筒下端钢筋的传力机理相同。

综上所述，套筒灌浆连接本质上是钢筋在胶凝材料中的锚固。

《钢筋套筒灌浆连接应用技术规程》（JGJ 355—2015）规定，套筒灌浆连接形式检验的试验方法应符合现行行业标准《钢筋机械连接技术规程》（JGJ 107—2016）的有关规定，据此可将套筒灌浆连接形式划归为机械连接。

灌浆工艺：竖向预制构件的灌浆施工按灌浆工艺可分为座浆法灌浆和连通腔法灌浆。

座浆法灌浆：竖向预制构件吊装就位前，先在安装连接面上铺设一层座浆料，构件套筒底部采用专用密封塞封堵，构件就位后，套筒之间没有关联，每个套筒均独立灌浆。

连通腔法灌浆：竖向预制构件吊装就位后，用封边砂浆将构件底面下端空腔四周密封，或者分隔成多段分别密封，使多个灌浆套筒下口与同一个空腔相连通，灌浆时，通过构件底面下端空腔同时向多个灌浆套筒内灌浆。

在《钢筋套筒灌浆连接应用技术规程》中，对于竖向预制构件，推荐使用连通腔法灌浆。一般情况下，预制墙板采用连通腔法灌浆比较方便；对于预制柱，当截面较大，钢筋较粗，特别是采用全灌浆套筒时，采用连通腔法灌浆不容易保证灌浆质量，宜采用座浆法对每个套筒单独灌浆。

对于预制梁等水平构件，一般采用座浆法对每个套筒独立灌浆。

竖向预制构件采用座浆法施工时要注意以下几点。

（1）在安装面上按要求设置垫片并调整标高。

（2）如图 7.1-9 所示，在安装面上铺设座浆砂浆，略高于垫片顶面 2～3mm。

（3）座浆砂浆铺设应内高外低，防止构件就位后底部压入空气。

（4）座浆砂浆铺设完成后，应在初凝前完成预制构件的起吊、就位及调整，如图 7.1-10 所示。

图 7.1-9　在安装面上铺设座浆砂浆

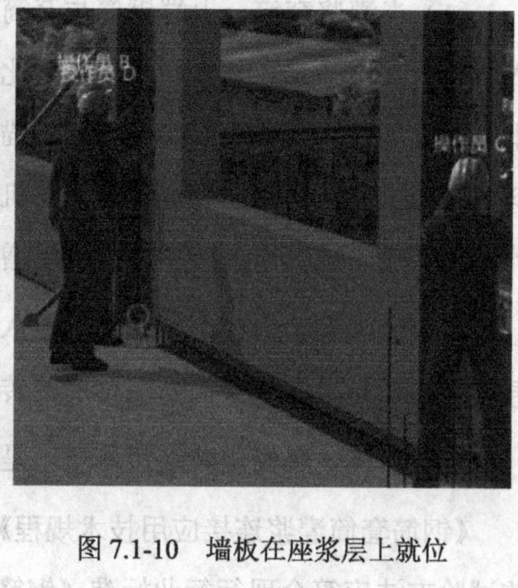

图 7.1-10　墙板在座浆层上就位

7.2　材料、设备与工具

7.2.1　灌浆料

灌浆料按照使用温度的范围可分为常温型套筒灌浆料与低温型套筒灌浆料。常温型套筒灌浆料的使用温度与普通水泥基类材料的使用温度相同，在灌浆施工及养护过程中，24h 内灌浆部位环境温度不低于 5℃。常温型套筒灌浆料的性能指标必须满足表 7.2.1-1 的要求。

表 7.2.1-1　常温型套筒灌浆料的性能指标

检测项目		性能指标
流动度/mm	初始	≥300
	30min	≥260
抗压强度/MPa	1d	≥35
	3d	≥60
	28d	≥85
竖向膨胀率/%	3h	0.02～2
	24h 与 3h 的差值	0.02～0.40
28d 自干燥收缩/%		≤0.045
氯离子含量/%		≤0.03
泌水率/%		0

灌浆料一般为袋装成品，一袋质量约 25kg，如图 7.2.1-1 所示。灌浆料的使用，包括用水量、搅拌要求、存储要求等要严格按照厂家说明书执行。

图 7.2.1-1　钢筋连接用套筒灌浆料

7.2.2 座浆砂浆

座浆砂浆是以水泥为基本材料，并配以细骨料、外加剂及其他材料混合而成的干混料，加水搅拌后主要用于座浆法施工的竖向预制构件与结合面铺设。

座浆砂浆的性能指标必须满足表 7.2.2-1 的要求。

表 7.2.2-1 座浆砂浆的性能指标

序号	项目名称	性能指标	
1	初始流动度/mm	≥130，≤170	
2	抗压强度/MPa	1d	≥30
		28d	≥50（且不得低于构件混凝土强度设计等级值）

7.2.3 封边砂浆

封边砂浆是以水泥为基本材料，并配以细骨料、外加剂、高分子聚合物材料及其他组分混合而成的干混料，加水搅拌后用于竖向预制构件吊装就位后，构件底面下端空腔分仓和四周封边。

常温型封边砂浆的性能指标必须满足表 7.2.3-1 的要求。

表 7.2.3-1 常温型封边砂浆的性能指标

序号	项目名称		性能指标	
1	稠度	初始稠度/mm	60～70	
		30min 稠度保留率/%	≥70	
2	抗压强度/MPa		1d	≥20
			28d	≥50（且不得低于构件混凝土强度设计等级值）
3	拉伸黏结强度/MPa		1d	≥0.35

7.2.4 施工设备、工具

套筒灌浆料施工宜配备符合下列要求的灌浆机具。

（1）套筒灌浆料搅拌设备单次最大搅拌能力不宜超过 30kg，且从加水拌和至搅拌完成的时间宜为 4～5min。

（2）灌浆机的额定容量不宜小于套筒灌浆料搅拌设备单次最大搅拌能力，灌浆机灌浆压力宜为 0.4～1.2MPa，灌浆机应能保证灌注浆体均匀、连续出浆，且有稳压保压功能。

（3）施工现场应至少配备一台备用套筒灌浆料搅拌设备及灌浆设备，并配备充足的相关易损配件。

（4）施工现场应配备手动灌浆设备、流动度检测设备、套筒灌浆料试块模具及灌浆路径堵塞后的清洗设备。

（5）座浆砂浆和封边砂浆施工宜配备符合下列要求的设备、工具:

① 砂浆搅拌设备单次最大搅拌能力不宜超过 50kg，且从加水拌和至搅拌完成的时间宜为 4～5min。

② 用于封边施工的封边内衬工具应有确保封边砂浆厚度不小于座浆层厚度的功能，用于分仓施工的分仓内衬工具应有确保分仓线平直饱满的功能。

③ 施工现场应配备适当的砂浆立方体试块模具及清洗设备。

灌浆主要设备及工器具如表 7.2.4-1 所示。

表 7.2.4-1 灌浆主要设备及工器具

序号	名称	规格型号	用途	单位	数量
1	电动灌浆机	按需	灌浆设备	台	
2	电动搅拌器	按需	浆料搅拌	把	
3	搅拌桶	按需	浆料搅拌	个	
4	电子秤	按需	称量	个	
5	封边工具条	按需	封边操作	把	
6	分仓工具条	按需	分仓操作	把	
7	截锥圆模	100mm×70mm×60mm	流动度检测	个	
8	玻璃板	500mm×500mm	流动度检测	块	
9	三联试模	40mm×40mm×160mm	制作试块	组	
10	三联试模	70.7mm×70.7mm	制作试块	组	
11	圆木塞	按需	套筒口堵塞	个	
12	橡胶锤	按需	辅助工具	把	
13	塑料量杯	5L	称量搅拌用水	个	
14	防护目镜	按需	劳动保护	副	

几种灌浆设备及工器具如图 7.2.4-1 所示。

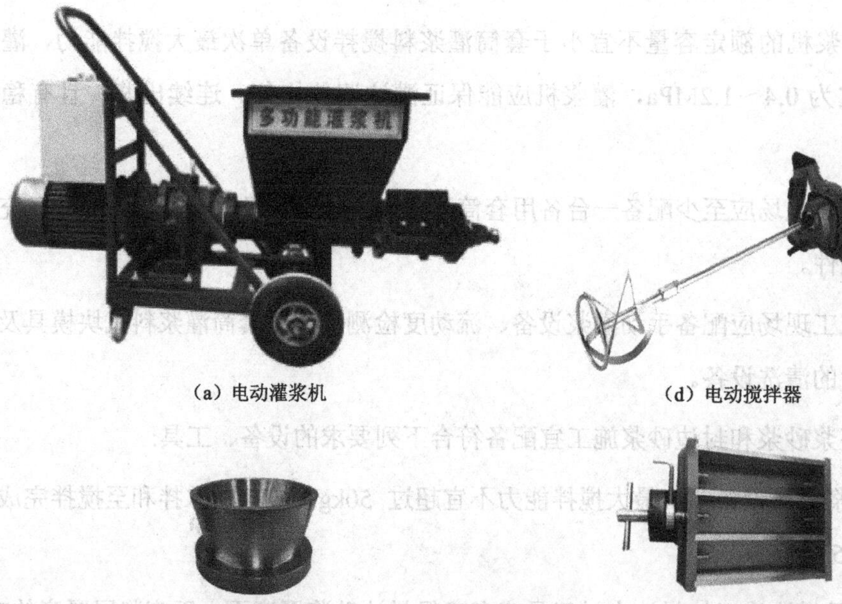

（a）电动灌浆机　（d）电动搅拌器

（c）截锥圆模　（d）三联试模

图 7.2.4-1　几种灌浆设备及工器具

7.3　灌浆施工

灌浆施工 1　灌浆施工 2　灌浆施工 3

7.3.1　施工准备

（1）检查并处理预制构件的结合面，应满足 6.2.2 节的相关要求。

（2）预制构件钢筋插入灌浆套筒的锚固长度应符合灌浆套筒参数要求，并应不小于插入钢筋公称直径的 8 倍。

（3）预制构件吊装前应在结合面上放置支承垫片。支承垫片的放置应符合下列规定。

① 预制柱底部的支承垫片应设置在结合面的 3 个点上，并应呈三角形分布，同时保持足够的间距；预制剪力墙底部的支承垫片应设置在结合面中轴线的两个点上，并应保持足够的间距。

② 支承垫片的厚度宜根据支承垫片放置点的实际标高确定，所形成的接缝处的平均高度宜为 20mm，可通过增减支承垫片的数量来调整支承垫片的厚度。

③ 单块支承垫片的面积不宜大于构件连接面面积的 3%，并不宜因面积过小而使构件接触面产生压痕。

（4）对预制构件中的每个灌浆套筒进行编号并做标记，如图 7.3.1-1 所示。

（5）逐个检查各灌浆套筒、灌浆管、出浆管内有无杂物，可采用空压机向灌浆套筒的灌浆孔内吹气来吹出杂物，如图 7.3.1-2 所示。

图 7.3.1-1　套筒编号

图 7.3.1-2　套筒检查及清理

（6）检查并确保预制构件被可靠固定，确保其在灌浆和养护过程中不被移动。

（7）检查并确保套筒灌浆料搅拌设备和灌浆设备运转正常、无故障。

（8）准备好制备套筒灌浆料拌合物及灌浆所需的各项材料、工具、配件。

（9）准备好停电应急措施。

（10）套筒灌浆连接应采用由接头形式检验确定的相匹配的灌浆料。

（11）套筒灌浆连接施工应编制专项施工方案。

（12）灌浆施工的操作人员应经专业培训后上岗。

（13）对于首次施工，宜选择有代表性的单元或部位进行试灌浆。

（14）施工现场灌浆料、封边料及座浆料宜储存在室内，并应采取防雨、防潮、防晒措施。

7.3.2 分仓及封边施工

构件底部灌浆连通腔分仓条及封边均采用封边砂浆制作。砂浆拌制用水量及搅拌方法按照砂浆说明书执行。

将分仓专用内衬工具插入构件底部缝隙内，位置大致能将底部连通腔分成均等的两部分即可，注意避开钢筋位置。在内衬工具的U形槽内填入适量砂浆，通过反复推拉推杆，将砂浆逐层推入构件底部。注意：预制构件另一侧需要有人配合顶住内衬工具的端部，防止砂浆从另一侧推出。砂浆条塞填密实后，慢慢抽出内衬工具，分仓条即成型。

分仓施工应满足以下要求。

（1）在高温干燥季节分仓和封边前，宜对结合面浇水湿润，但不得有积水。

（2）对于长度较大的预制剪力墙构件，应通过分仓将构件底面下端空腔划分为若干个连通灌浆腔，同一连通灌浆腔内的任意两个灌浆套筒间距不宜超过1.5m。连通灌浆腔内构件底部与下方现浇结构上表面的最小间隙不得小于10mm。

（3）砂浆拌合物的稠度宜为60～70mm。分仓成型后的砂浆宽度宜为30～40mm，与钢筋的净距不宜小于40mm。

（4）分仓后，应在预制构件相应位置做出分仓标记。

分仓条制作如图7.3.2-1所示。

分仓完成后即可封边。封边可采用Z字形钢制内衬条或直径小于20mm的PVC管，如图7.3.2-2所示。内衬条嵌入深度为15～20mm，用抹刀将砂浆推入内衬条与构件底边之间的缝隙中并挤密压实。封边宜从分仓条位置开始，分别向两端边封边退，最后在转角处交圈收头，如图7.3.2-3所示。

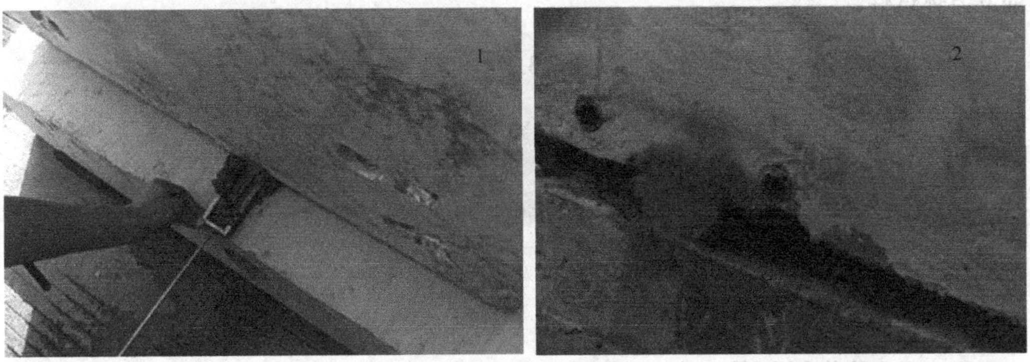

图 7.3.2-1　分仓条制作

图 7.3.2-2　封边

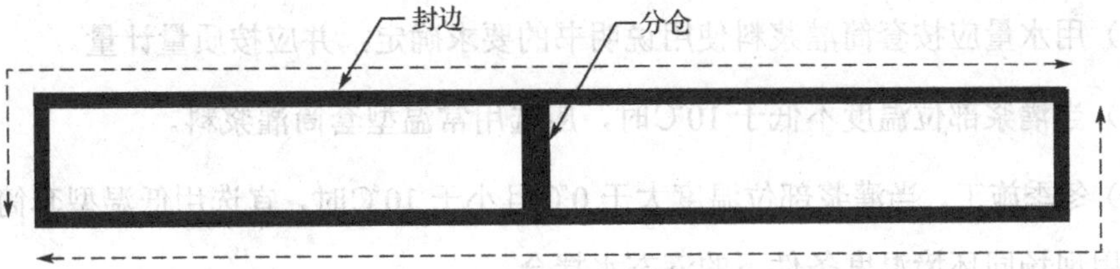

图 7.3.2-3　封边方向示意图

封边施工应满足以下要求。

（1）宜采用封边内衬工具和封边砂浆进行施工，砂浆拌合物的稠度宜为 60～70mm。

（2）封边成型应饱满顺直，砂浆宽度宜为 15～20mm。

（3）封边完成后，应对砂浆进行养护，封边砂浆抗压强度达到 20MPa 以上且与上下面混凝土黏结牢固后，方可进行灌浆施工。

（4）每工作班应至少留置一组与封边砂浆同条件养护的 70.7mm×70.7mm×70.7mm

的立方体试件。

分仓工具条和封边工具条分别如图 7.3.2-4 和图 7.3.2-5 所示。

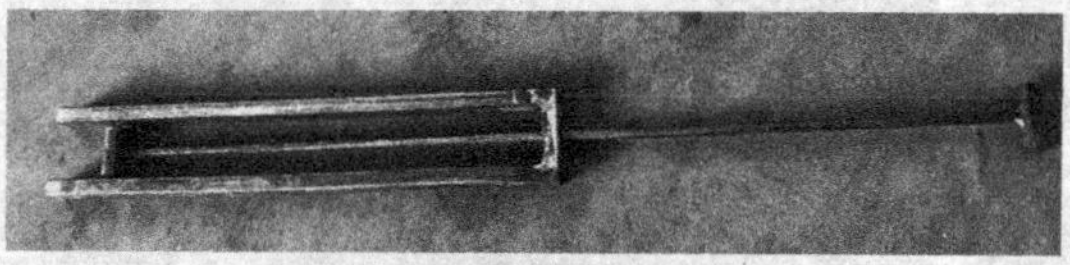

图 7.3.2-4　分仓工具条

图 7.3.2-5　封边工具条

7.3.3　灌浆料制作

灌浆料一般购买成品干混砂浆直接加水搅拌制作，对于搅拌用水量，不同厂家的产品不尽相同，一般为 12%～15%。这里的用水量为质量比，若一袋干混砂浆按 25kg 考虑，则搅拌一袋干混砂浆需要加水 3～3.75kg。干混砂浆说明书上给出的用水量一般是一个范围值，可以根据施工实际情况，在规定的范围内选用一个合适的用水量，均匀搅拌后，流动度检测符合要求即可使用。

灌浆料的搅拌制作及使用应满足以下要求。

（1）套筒灌浆料使用前，应检查产品包装上的有效期和产品外观，超过产品保质期或有结块受潮的不得使用。

（2）用水量应按套筒灌浆料使用说明书的要求确定，并应按质量计量。

（3）当灌浆部位温度不低于 10℃时，应选用常温型套筒灌浆料。

（4）冬季施工，当灌浆部位温度大于 0℃且小于 10℃时，宜选用低温型套筒灌浆料，并应采用现场同环境温度条件下的液态水拌合。

（5）宜采用 7.2.4 节要求的设备搅拌灌浆料，搅拌时间宜为 3～5min，搅拌完成后宜静置 2min 再使用。

（6）套筒灌浆料拌合物制备完成后，不得再次加水，散落的拌合物不得二次使用，剩余的拌合物不得再次添加灌浆料、水混合使用。

（7）套筒灌浆料拌合物宜在加水搅拌后 30min 内用完。

（8）每工作班应测试套筒灌浆料拌合物的初始流动度至少 1 次，初始流动度值应不低于 300mm。

（9）每工作班应至少留置一组与套筒灌浆料同条件养护的 40mm×40mm×160mm 的长方体试件。

灌浆料搅拌如图 7.3.3-1 所示。

图 7.3.3-1　灌浆料搅拌

7.3.4　灌浆料拌合物流动度检测

与混凝土不同，灌浆料灌入套筒内部后无法振动、振捣，只能依靠自身的高流动度充盈套筒空间，对于流动度不符合要求的拌合物，注浆操作难，且会造成灌注不饱满，影响结构安全。因此，需要对现场制作好的灌浆料拌合物进行流动度检测，满足要求后方可使用。

灌浆料拌合物流动度检测所需工具要求如下。

（1）截锥圆模应符合 GB/T 2419—2005 的规定，下口内径为(100±0.5)mm，上口内径为(70±0.5)mm，高为(60±0.5)mm。

（2）玻璃板尺寸为 500mm×500mm，并应水平放置。

（3）采用钢直尺或卷尺测量，精度为 1mm。

如图 7.3.4-1 所示，流动度检测应按下列步骤进行。

（1）将玻璃板安放在平整的地面上。

（2）湿润玻璃板和截锥圆模内壁，但不得有明水，将截锥圆模放置在玻璃板中间位置。

（3）取适量的灌浆材料浆体，倒入截锥圆模内，直至浆体与截锥圆模上口平齐。

（4）缓缓提起截锥圆模，让浆体在无扰动条件下自由流动直至停止。

（5）测量浆体最大扩散直径及与其垂直方向的直径，计算平均值，精确到 1mm，以此作为流动度实测值。

（6）应在 6min 内完成上述搅拌和测量过程。

一般情况下，施工现场只需测量灌浆料拌合物的初始流动度即可。

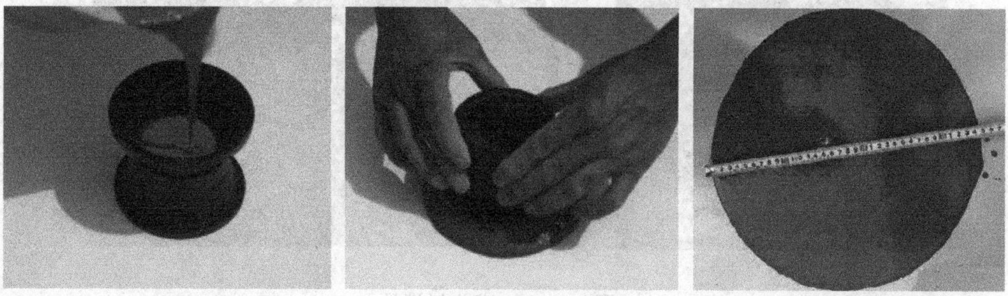

图 7.3.4-1　流动度检测

7.3.5　灌浆料试块制作

灌浆完成后，养护至一定强度后方可进行有扰动的后续施工，如后浇段钢筋绑扎、模板安装、浇筑混凝土等，故需要根据灌浆料拌合物的同条件试块来判定是否养护到了要求的强度。

此外，为检验钢筋套筒灌浆连接及浆锚搭接连接用的灌浆料强度是否满足设计要求，应以每层为一检验批，每工作班应制作一组且每层不应少于 3 组的试件，标准养护 28d 后进行抗压强度试验。

试块制作应满足以下要求。

（1）应采用尺寸为 40mm×40mm×160mm 的水泥胶砂专用试模制作试块，如图 7.3.5-1 所示。

（2）取适量浆体灌入试模，直至浆体与试模的上边缘平齐。

（3）试块成型过程中不得振动试模。

（4）灌浆料同条件养护试件应保存在构件周边，并应采取适当的防护措施。当有可靠经验时，灌浆料抗压强度也可根据考虑环境温度因素的抗压强度增长曲线由经验确定。

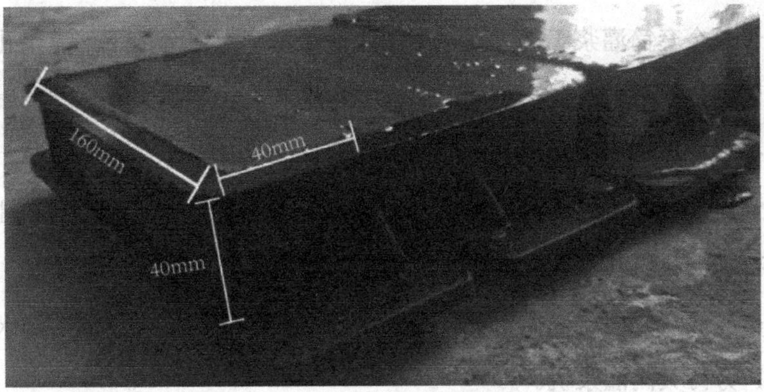

图 7.3.5-1　试块制作

7.3.6　竖向构件灌浆施工

灌浆料拌制完成并符合使用要求后，即可进行灌浆操作。向灌浆机料斗内加入清水并启动灌浆机，对料斗和注浆管进行冲洗与润滑，持续开动灌浆机，直至把所有的水排出。将灌浆料倒入灌浆机料斗中，再次开动机器，将灌浆机内含水量较大的一段浆料及空气排出，直至灌浆枪头冒出均匀的浆料。

选择一个套筒，将灌浆枪头插入套筒底部的灌浆孔中，开动机器进行灌浆，当有其他灌浆孔或出浆孔有圆柱状浆液冒出后，立即用塞子封堵。同一个分仓单元内的所有套筒均灌满，适当保压后，在拔除灌浆枪头的同时快速封堵该处灌浆孔，完成该分仓单元的灌浆。

灌浆（见图 7.3.6-1）施工应满足以下要求。

（1）灌浆全过程应有专职检验人员负责现场监督并及时形成施工检查记录。

（2）灌浆施工及套筒灌浆料养护期间的环境温度宜为 5～30℃。夏季施工，当环境温度高于 30℃时，施工前应对构件表面和套筒灌浆料采取降温措施。冬季施工结束后，钢筋套筒灌浆连接部位应有防止温度下降的养护措施；当冬季施工现场的环境温度低于 0℃时，不得灌浆施工。

（3）当对竖向构件采用连通腔法灌浆时，宜采用一点灌浆的方式，当一点灌浆遇到问题而需要改变灌浆点时，各灌浆套筒已封堵灌浆孔、出浆孔应重新打开，待灌浆料拌合物再次流出后进行封堵。

（4）对于单个套筒灌浆工艺，应采用压浆法从每个灌浆套筒下部灌浆孔注入灌浆料拌合物。当圆柱状灌浆料拌合物从同一套筒上部出浆孔连续流出时，应保压后拔出灌浆枪头，并用堵孔塞封堵该灌浆孔。

（5）对设置键槽预制柱的灌浆，应从灌浆孔注入灌浆料拌合物，当圆柱状灌浆料拌合物从预制柱上的排气孔连续流出时，即可停止灌浆。

（6）灌浆完成后，应将灌浆机料斗装满水，启动灌浆机，直至清洁的水从灌浆枪头流出并排净，方可关闭灌浆机。

（7）当灌浆施工出现无法出浆的情况时，应查明原因，采取补灌措施，对于未密实饱满的竖向连接灌浆套筒，在灌浆料加水拌合 30min 内时，应首选从灌浆孔补灌，当灌浆料拌合物已无法流动时，可从出浆孔补灌，并应采用手动设备压力灌浆，且采用比出浆孔小的细管灌浆以保证排气。

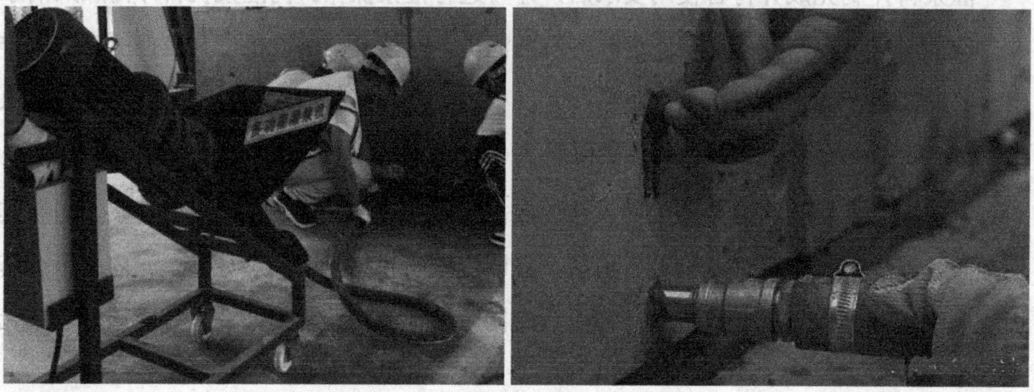

图 7.3.6-1　灌浆

7.3.7　水平构件灌浆施工

当预制梁水平钢筋采用套筒灌浆连接时，施工措施应符合下列规定。

（1）连接钢筋的外表面应标记插入灌浆套筒最小锚固长度的标志，标志位置应准确、颜色应清晰。

（2）吊装前，应依次将橡胶塞、全灌浆套筒套入一侧预制构件的外露钢筋，再将橡胶塞套入另一侧预制构件的外露钢筋，并移动至标志位置。

（3）当吊装水平预制构件时，应确保水平预制构件位置准确、两端外露钢筋对接良好，两端外露钢筋轴线偏差不应大于 5mm，端头水平间距不应大于 30mm，超过允许偏差应予以处理。

（4）水平构件吊装就位后，应将全灌浆套筒移动至两侧外露钢筋之间，使全灌浆套筒两端恰好位于外露钢筋标志位置，灌浆孔、出浆孔应位于套筒上沿，塞紧套筒两端的橡胶塞。

（5）当与既有结构的水平钢筋相连接时，新连接钢筋的端部应设有保证连接钢筋同轴、稳固的装置。

（6）灌浆套筒安装就位后，灌浆孔、出浆孔应在套筒水平轴正上方±45°的锥体范围内，并安装有孔口超过灌浆套筒外表面最高位置的连接管或连接头。

（7）水平构件的灌浆套筒应各自独立灌浆。

（8）对于水平钢筋套筒灌浆连接，灌浆作业应采用压浆法从灌浆套筒灌浆孔注入，当灌浆套筒灌浆孔、出浆孔的连接管或连接头处的灌浆料拌合物均高于灌浆套筒外表面最高点时，应停止灌浆，并及时封堵灌浆孔、出浆孔。

（9）水平钢筋连接灌浆施工停止后 30s，若发现灌浆料拌合物下降，则应检查灌浆套筒的密封或灌浆料拌合物的排气情况，并及时补灌或采取其他措施。

（10）当无法补灌时，对于竖向连接灌浆施工，当灌浆料拌合物未凝固且具备条件时，宜将构件吊起后冲洗灌浆套筒、连接面与连接钢筋，并重新安装、灌浆。

框架梁全灌浆套筒安装及灌浆如图 7.3.7-1 所示。

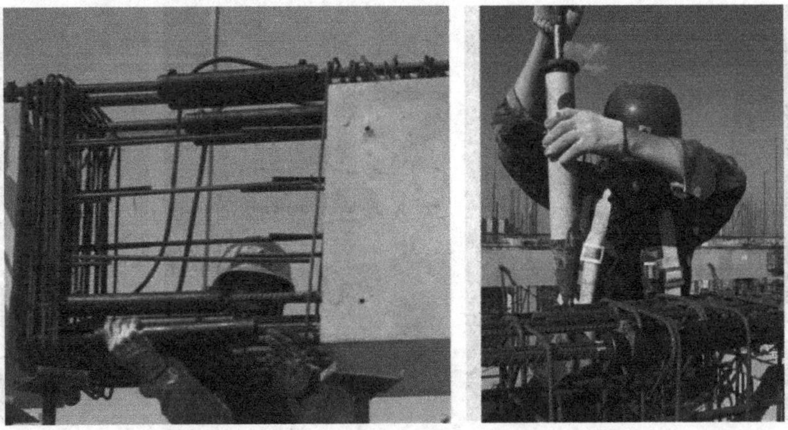

图 7.3.7-1　框架梁全灌浆套筒安装及灌浆

7.3.8 带补偿器的灌浆方法

对于钢筋套筒灌浆而言，施工的难点和痛点是怎样保证灌浆饱满。由于灌浆饱满度很难直观判定，所以在一定程度上阻碍了套筒灌浆技术的应用和推广，曾经有段时间，有些地区甚至出现了限制使用承重构件使用套筒灌浆连接的情况。随着装配式建筑的推广，近些年出现了很多关于灌浆饱满度的研究、发明和工法改进，为保证套筒灌浆饱满度、提高套筒灌浆连接施工质量起到了积极的作用。

套筒灌浆补偿器（也有人称之为灌浆饱满度检测器）是一种构造简单、使用方便、效果显著的透明塑料U形构件，如图7.3.8-1所示，其具体优点如下。

（1）在常规灌浆施工中，一般是套筒孔出浆后才封堵对应的孔，当构件套筒数量较多时，封堵速度跟不上出浆速度，操作容易忙乱，影响效率，同时由于封堵不及时造成灌浆料过多外泄而产生浪费。采用补偿器的灌浆施工可以事先用补偿器封堵除灌浆点之外的所有套筒孔，灌浆过程中不需要逐个封堵，对于一堵墙的灌浆施工，单人就能完成，大大提高了工作效率，节约了人工。

（2）当套筒被灌满后，持续一定的压力，灌浆料会上升充满补偿器的U形管节，透明的管节方便观察内部液面高度，只要补偿器中保持一定高度的液面，就说明套筒内的灌浆料处于饱满状态。

（3）补偿器的U形管节内设有压力弹簧，当套筒内的灌浆料因某些因素出现损失时，补偿器内存留的灌浆料能够回流，起到补偿作用。

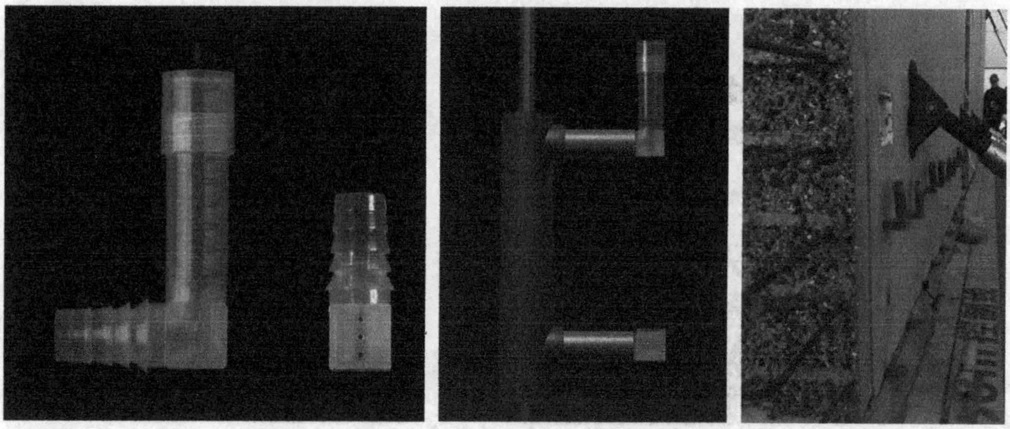

图7.3.8-1 补偿器及其应用

7.3.9　成品保护

（1）灌浆料同条件养护试件抗压强度达到 35N/mm² 后，方可进行对接头有扰动的后续施工，包括后浇段处钢筋绑扎、模板安装、混凝土浇筑等。

（2）临时固定措施的拆除应在灌浆料抗压强度能确保结构达到后续施工承载要求后进行。

本章复习题

1．填空题

（1）钢筋套筒灌浆连接接头强度不应__________连接钢筋抗拉强度标准值，且破坏时应断于接头外钢筋。

（2）采用套筒灌浆连接的混凝土构件接头连接钢筋的强度等级不应__________灌浆套筒规定的连接钢筋强度等级。

（3）《钢筋套筒灌浆连接应用技术规程》（JGJ 355—2015）规定，灌浆套筒的净距不应小于__________mm。

（4）《钢筋套筒灌浆连接应用技术规程》（JGJ 355—2015）规定，竖向构件宜采用连通腔法灌浆，连通灌浆区域内的任意两个灌浆套筒间距不宜超过__________m。

（5）《钢筋套筒灌浆连接应用技术规程》（JGJ 355—2015）规定，水平构件的灌浆套筒安装就位后，灌浆孔、出浆孔应在套筒水平轴正上方±__________°的锥体范围内，并安装有孔口超过灌浆套筒外表面最高位置的连接管或连接头。

（6）灌浆料宜在加水后__________min 内用完，以防后续灌浆遇到意外情况时，灌浆料可流动的操作时间不足。

（7）灌浆后，灌浆料同条件养护试件抗压强度达到__________N/mm² 后方可进行对接头有扰动的后续施工。

（8）在灌浆施工中，需要检验灌浆料的抗压强度，抗压强度试验试件的尺寸为__________。

（9）灌浆料 28d 抗压强度应≥__________N/mm²。

（10）钢筋连接用套筒灌浆料以__________为基本材料，并配以细骨料、外加剂及其他材料混合而成。

（11）灌浆料拌合物的初始流动度应为__________mm。

（12）灌浆料拌合物的泌水率应为__________。

（13）对于底部设置键槽的预制柱，应在键槽处设置__________。

（14）在预制构件的制作及运输过程中，应对外露钢筋、灌浆套筒采取__________措施。

（15）对于灌浆施工，当环境温度高于__________°时，应采取降低灌浆料拌合物温度的措施。

（16）套筒灌浆接头的形式检验报告应在__________年有效期内。

（17）对于灌浆接头的工艺检验，每种规格的钢筋应制作__________个对中套筒灌浆连接接头，并应检查灌浆质量。

（18）对于灌浆接头的工艺检验，制作的接头试件应在__________条件下养护__________天。

（19）接头两端均采用灌浆方式连接钢筋的灌浆套筒为__________。

（20）灌浆施工时，环境温度低于__________°时不宜施工，低于__________°时不得施工。

（21）当直径规格为 20mm 的灌浆套筒连接直径为 18mm 的钢筋时，钢筋在套筒内的锚固长度为__________mm。

（22）若某灌浆料产品说明书上标明的用水量为 14%，则拌制 50kg 灌浆料拌合物，需要水__________kg。

（23）分仓条宽度应不小于__________mm，为防止遮挡套筒孔口，距离连接钢筋外缘应不小于__________mm。

（24）灌浆料凝固后，取下封堵塞，出浆孔内凝固的灌浆料上表面应高于出浆孔下缘__________mm 以上。

（25）在测量灌浆料拌合物的流动度时，若浆体最大扩散直径为 285mm，与之垂直方向上的直径为290mm，则该灌浆料拌合物的流动度应为__________，该灌浆料拌合物的初始流动度__________要求。

（26）套筒灌浆连接的钢筋应采用符合现行国家标准《钢筋混凝土用余热钢筋》（GB 13014—2013）的规定：热轧带肋钢筋直径不宜小于__________mm，且不宜大于__________mm。

（27）当竖向钢筋套筒灌浆连接采用连通腔法灌浆时，宜采用__________灌浆方式。

（28）《钢筋套筒灌浆连接应用技术规程》（JGJ 355—2015）规定，灌浆料拌合物应采用电动设备搅拌充分、均匀，并宜静止__________min后使用。

（29）装配式混凝土结构在现场安装时，灌浆作业应采用__________从下口灌注，当浆料从上口流出后，应及时封堵，必要时可设分仓进行灌浆。

（30）灌浆施工时，每工作班应检查灌浆料拌合物初始流动度不少于__________次，确认合格后方可灌浆。

（31）采用套筒灌浆连接的构件混凝土强度等级不宜低于__________。

（32）钢筋套筒灌浆连接接头的抗拉连接强度不应小于__________，且破坏时应断于接头外钢筋。

（33）灌浆料3h的竖向膨胀率应__________。

（34）灌浆料拌合物30min后的流动度应为__________mm。

（35）用于检测灌浆料是否满足设计要求强度的试件应采用__________养护。

（36）套筒灌浆连接应采用由接头形式检验确定的__________的灌浆料套筒、灌浆料。

（37）《钢筋套筒灌浆连接应用技术规程》（JGJ 355—2015）规定，预制构件拆模后，灌浆套筒的中心位置允许偏差为__________mm。

（38）当竖向预制构件不采用连通腔法灌浆时，构件就位前应设置__________。

（39）对于竖向钢筋套筒灌浆连接，灌浆作业应采用压浆法从套筒灌浆孔注入，当灌浆料拌合物从构件其他灌浆孔、出浆孔流出后，应__________。

（40）散落的灌浆料拌合物不得__________，剩余的拌合物不得再次添加灌浆料、水混合使用。

（41）对于未密实饱满的竖向连接灌浆套筒，在灌浆料加水拌合 30min 内时，应首选________的处理措施。

（42）对于未密实饱满的竖向连接灌浆套筒，当灌浆料拌合物已无法流动时，可采用________的处理措施。

（43）灌浆施工前，应进行接头工艺检验，若现场实际灌浆施工单位与工艺检验时的灌浆单位不同，则灌浆前应________。

（44）灌浆接头的工艺检验应由________进行。

（45）灌浆料搅拌时，用水量应根据________确定。

（46）当采用连通腔法灌浆时，宜采用一个灌浆孔灌浆，其他灌浆孔、出浆孔流出的方式，但当灌浆中遇到问题时，可更换另一个灌浆孔灌浆，此时________。

（47）对于竖向连接灌浆施工，当灌浆料拌合物未凝固且具备条件时，宜将构件吊起后________。

（48）灌浆料中的细骨料的最大粒径不宜超过________mm。

（49）在制作灌浆料抗压强度试块时，将拌制好的浆体灌入试模，直至浆体与试模上边缘平齐，成型过程中________试模。

（50）接头一端采用灌浆方式连接，另一端采用非灌浆方式连接钢筋（通常为螺纹连接）的灌浆套筒为________。

2. 思考题

（1）在实际施工中，应采取哪些措施来保证钢筋套筒灌浆的饱满度呢？

（2）当发现灌浆不饱满时，应采取哪些措施？

第 8 章 质量验收

8.1 一般规定

质量验收一般规定

装配整体式结构仍属于混凝土工程范畴，其验收主要依据除现行国家标准《混凝土结构工程施工质量验收规范》(GB 50204—2015）外，还应满足《装配式混凝土结构技术规程》(JGJ 1—2014)、《装配式混凝土建筑技术标准》(GB/T 51231—2016）等相关现行规范的具体要求。

（1）装配式结构应按混凝土结构子分部工程进行验收。当结构中部分采用现浇混凝土结构时，装配式结构部分可作为混凝土结构子分部工程的分项工程进行验收。

（2）装配式结构验收应符合现行国家标准《混凝土结构工程施工质量验收规范》(GB 50204—2015）的有关规定。

（3）预制构件的进场质量验收应符合 4.1～4.3 节的有关规定。

（4）装配式结构焊接、螺栓等连接用材料的进场验收应符合现行国家标准《钢结构工程施工质量验收标准》(GB 50205—2020）的有关规定。

（5）装配式建筑的饰面质量应符合设计要求，并应符合现行国家标准《建筑装饰装修工程质量验收标准》(GB 50210—2018）的有关规定。

（6）在进行装配式混凝土结构验收时，除应按现行国家标准《混凝土结构工程施工质量验收规范》(GB 50204—2015）的要求提供文件和记录外，还应提供下列文件和记录。

① 工程设计文件、预制构件制作和安装的深化设计图。

② 预制构件、主要材料及配件的质量证明文件、进场验收记录、抽样复验报告。

③ 预制构件的安装施工记录。

④ 钢筋套筒灌浆、浆锚搭接连接的施工检验记录。

⑤ 后浇混凝土部位的隐蔽工程检查验收文件。

⑥ 后浇混凝土、灌浆料、座浆材料强度检测报告。

⑦ 外墙防水施工质量检验记录。

⑧ 装配式结构分项工程质量验收文件。

⑨ 装配式工程的重大质量问题的处理方案和验收记录。

⑩ 装配式工程的其他文件和记录。

8.2 主控项目

质量验收 1　　质量验收 2

（1）预制构件临时固定措施应符合设计、专项施工方案要求及国家现行有关标准的规定。

检查数量：全数检查。

检验方法：观察，检查施工方案、施工记录或设计文件。

临时固定措施是装配式混凝土结构安装过程中承受施工荷载、保证构件定位、确保施工安全的有效措施。临时支撑是常用的临时固定措施，包括水平构件下方的临时竖向支撑、水平构件两端支撑构件上设置的临时牛腿、竖向构件的临时斜撑等。

（2）后浇混凝土强度应符合设计要求。

检查数量：按批检验。

检验方法：按现行国家标准《混凝土强度检验评定标准》（GB/T 50107—2010）执行。

（3）钢筋套筒灌浆连接及浆锚搭接连接的灌浆应密实饱满。

检查数量：全数检查。

检验方法：检查灌浆施工质量检查记录。

（4）钢筋套筒灌浆连接及浆锚搭接连接用的灌浆料强度应满足设计要求。

检查数量：按批检验，以每层为一检验批，每工作班应制作一组且每层不应少于 3 组 40mm×40mm×160mm 的长方体试件，标准养护 28d 后进行抗压强度试验。

检验方法：检查灌浆料强度试验报告及评定记录。

（5）剪力墙底部接缝座浆强度应满足设计要求。

检查数量：按批检验，以每层为一检验批，每工作班应制作一组且每层不应少于 3

组边长为 70.7mm 的立方体试件，标准养护 28d 后进行抗压强度试验。

当接缝采用座浆连接时，如果希望座浆满足竖向传力要求，则应对座浆的强度提出明确的设计要求。对于不需要传力的填缝砂浆，可以按构造要求规定其强度指标。施工时应采取措施以确保座浆在接缝部位饱满密实，并加强养护。

（6）当钢筋采用焊接连接时，其焊接质量应符合现行行业标准《钢筋焊接及验收规程》（JGJ 18—2012）的有关规定。

检查数量：按现行行业标准《钢筋焊接及验收规程》（JGJ 18—2012）的规定确定。

检验方法：检查钢筋焊接施工记录及平行加工试件的强度试验报告。

（7）当钢筋采用机械连接时，其接头质量应符合现行行业标准《钢筋机械连接技术规程》（JGJ 107—2016）的有关规定。

检查数量：按现行行业标准《钢筋机械连接技术规程》（JGJ 107—2016）的规定确定。

检验方法：检查钢筋机械连接施工记录及平行加工试件的强度试验报告。

（8）外墙板接缝的防水性能应符合设计要求。

检验数量：按批检验，每 1000m^2 外墙（含窗）面积应划分为一个检验批，不足 1000m^2 时也应划分为一个检验批；每个检验批应至少抽查一处，抽查部位应为相邻两层 4 块墙板形成的水平和竖向十字接缝区域，面积不得少于 10m^2。

检验方法：检查现场淋水试验报告。

8.3 一般项目

装配式结构质量验收的一般项目一般是指质量缺陷及施工尺寸偏差等外观质量检查。

（1）装配式结构施工后，其外观质量不应有一般缺陷。

装配式结构的外观质量缺陷可按表 8.3-1 进行判断。对已经出现的一般缺陷，应由施工单位按技术处理方案进行处理。对经处理的部位应重新验收。

检查数量：全数检查。

检验方法：观察，检查处理记录。

（2）装配式结构尺寸允许偏差应符合设计要求，并应符合表 8.3-2 的规定。

检查数量：按楼层、结构缝或施工段划分检验批。在同一检验批内，对梁、柱，应抽查构件数量的 10%，且不少于 3 件；对墙和板，应按有代表性的自然间抽查 10%，且不少于 3 间；对大空间结构，墙可按相邻轴线间高度 5m 左右划分检查面，板可按纵、横轴线划分检查面，抽查 10%，且均不少于 3 面。

表 8.3-1　装配式结构的外观质量缺陷

名　称	现　象	严 重 缺 陷	一 般 缺 陷
露筋	构件内钢筋未被混凝土包裹而外露	纵向受力钢筋有露筋	其他钢筋有少量露筋
蜂窝	混凝土表面缺少水泥砂浆而形成石子外露	构件主要受力部位有蜂窝	其他部位有少量蜂窝
孔洞	混凝土中孔穴深度和长度均超过保护层厚度	构件主要受力部位有孔洞	其他部位有少量孔洞
夹渣	混凝土中夹有杂物且深度超过保护层厚度	构件主要受力部位有夹渣	其他部位有少量夹渣
疏松	混凝土中局部不密实	构件主要受力部位有疏松	其他部位有少量疏松
裂缝	裂缝从混凝土表面延伸至混凝土内部	构件主要受力部位有影响结构性能或使用功能的裂缝	其他部位有少量不影响结构性能或使用功能的裂缝
连接部位缺陷	构件连接处混凝土有缺陷或连接钢筋、连接件松动	连接部位有影响结构传力性能的缺陷	连接部位有基本不影响结构传力性能的缺陷
外形缺陷	缺棱掉角、棱角不直、翘曲不平、飞边凸肋等	清水混凝土构件有影响使用功能或装饰效果的外形缺陷	其他混凝土构件有不影响使用功能的外形缺陷
外表缺陷	构件表面麻面、掉皮、起砂、黏附污物等	具有重要装饰效果的清水混凝±构件有外表缺陷	其他混凝土构件有不影响使用功能的外表缺陷

表 8.3-2　装配式结构尺寸允许偏差及检验方法

项　目			允许偏差/mm	检 验 方 法
构件中心线对轴线位置	基础		15	尺量检查
	竖向构件（柱、墙、桁架）		10	
	水平构件（梁、板）		5	
构件标高	梁、柱、墙、板底面或顶面		±5	水准仪或尺量检查
构件垂直度	柱、墙	<5m	5	经纬仪或全站仪量测
		>5m 且<10m	10	
		≥10m	20	
构件倾斜度	梁、桁架		5	垂线、钢尺量测

续表

项　　目			允许偏差/mm	检 验 方 法
相邻构件平整度	板端面		5	钢尺、塞尺址测
	梁、板底面	抹灰	5	
		不抹灰	3	
	柱、墙侧面	外露	5	
		不外露	10	
构件搁置长度	梁、板		±10	尺量检查
支座、支垫中心位置	板、梁、柱、墙、桁架		10	尺量检查
墙板接缝	宽度		±5	尺量检查
	中心线位置			

本章复习题

1. 填空题

（1）装配整体式结构的质量验收可依据的国家、行业规范、标准有__________、__________、__________。

（2）装配式结构应按混凝土结构__________工程进行验收。

（3）钢筋套筒灌浆连接及浆锚搭接连接用灌浆料强度应满足设计要求，按批检验，以__________为一检验批，每工作班应制作__________且每层不应少于 3 组__________的长方体试件。

（4）装配式结构施工后，其外观质量不应有__________缺陷。

（5）预制梁安装就位后，其倾斜度允许偏差为__________。

2. 思考题

（1）装配式结构施工质量检验的主控项目有哪些？

（2）在进行一般项目检查时，装配式结构的各尺寸偏差采用什么方法测量？

第 9 章　铝合金模板施工

9.1　概述及相关概念

铝合金模板概述

近几年国家大力推广装配式建筑，国家各级政府相继出台了大量政策予以扶持。《中共中央国务院关于进一步加强城市规划建设管理工作的若干意见》和《“十三五”装配式建筑行动方案》提出，到 2025 年，装配式建筑达到占新建建筑面积的 30%。

前面提到，截至 2020 年，全国新开工装配式建筑面积达 $6.3\times10^9 m^2$，装配式建筑如雨后春笋般涌现。

目前，我国装配式建筑主要采用装配整体式结构，在装配率要求不是很高时，有相当一部分构件，特别是剪力墙等竖向承重构件仍采用现浇技术；此外，预制构件之间的拼缝、节点处也存在一定量的后浇段、后浇带、叠合层等需要现浇。上述装配式结构中的现浇部位如果仍采用传统木模，则不仅会造成自然资源的浪费，与国家推行装配式建筑的初衷相悖，还会受到材料本身性质的限制，已较难满足装配式结构高精度施工的要求。一些省市在制定地方装配式建筑评价标准中，明确将施工现场采用高精度模板作为装配率计算的加分项，鼓励推广使用高精度模板，保障装配式结构施工的质量。如图 9.1-1 所示，铝合金模板作为一种高精度模板，因具有节能环保、成型混凝土观感质量好、免抹灰、周转率高等优点而应用越来越广泛，有代替木模的趋势。

铝合金模板的优点（相对于木模）如下。

（1）周转次数高。传统木模面板周转次数理论上可达 5 次，实际上周转 2 次以上基本就会出现影响使用的变形或破损，而铝合金模板的周转次数可以达到 200 次以上，且发生变形损伤后也易于修复。

（2）施工效率高。铝合金模板的单块质量小，一人就能够搬运，通过楼层间的传料口向上传递，不需要塔吊转运，提高了效率，如图 9.1-2 所示。

图 9.1-1　铝合金模板

图 9.1-2　铝合金模板传料口

（3）回收价值高。铝合金模板的回收残值高达 30%，而木模，特别是面板的回收残值基本为 0，而且，作为建筑垃圾清理还需要支付一定的费用。

（4）安装拆卸简单。用于铝合金模板安装拆卸的工人，培训 2 个月左右即可上岗熟练操作，而传统木工则需要 1～2 年。

（5）混凝土成型质量高。通过铝合金模板成型的混凝土构件能达到清水混凝土效果，可以做到免修补、免抹灰，节省了工程成本。

（6）支持早拆。采用铝合金模板，配合早拆头，能实现梁、板底模的早拆，加快模板的周转，如图 9.1-3 所示。

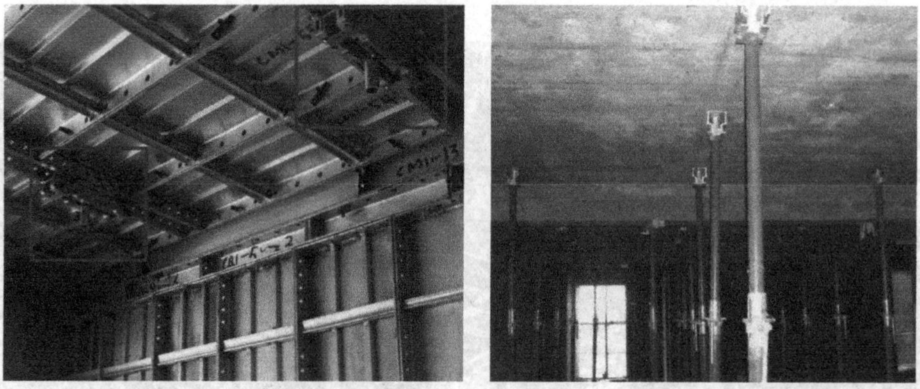

图 9.1-3　铝合金模板早拆体系

9.1.1　平面模板

用于混凝土结构平面处的模板包括楼板模板、墙柱模板、梁模板等。

（1）用于楼板、梁底的平面模板的标准宽度有 200mm、250mm、300mm、350mm、400mm、600mm 等规格，标准长度一般为 1100mm。

（2）用于墙柱的平面模板增加了 100mm、150mm 两种宽度的窄板，标准长度有 2500mm 与 2700mm 两种，适用层高为 2.8～3.3m。

（3）平面模板由挤压 U 型材（包括平板和边框）和焊接端肋及次肋组成，边框及端肋的高度均为 65mm。

平面模板构造如图 9.1.1-1 所示，平面模板实物图如图 9.1.1-2 所示。

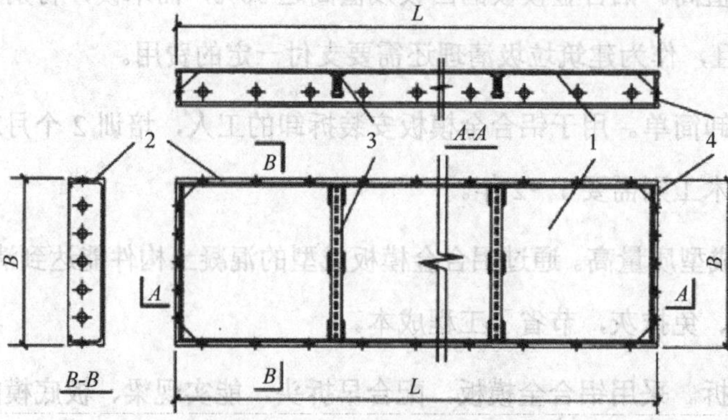

1—面板；2—边框；3—次肋；4—端肋。

图 9.1.1-1　平面模板构造

图 9.1.1-2　平面模板实物图

9.1.2　转角模板

转角模板是用于混凝土结构转角处的模板，包括阴角模板及连接角模，其中，阴角模板包括楼板阴角模板、梁底阴角模板、梁侧阴角模板、墙柱阴角模板、阴角转角模板等。

阴角模板构造如图 9.1.2-1 所示，阴角转角模板如图 9.1.2-2 所示；各类阴角模板实物图如图 9.1.2-3 所示，连接角模实物图如图 9.1.2-4 所示。

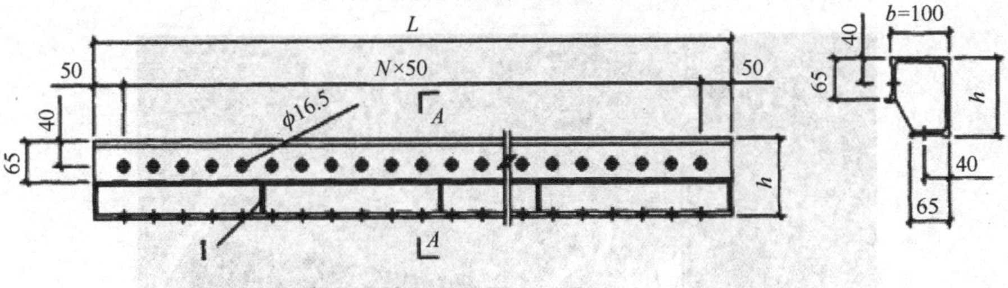

（a）平面图　（b）A-A平面图

图 9.1.2-1　阴角模板构造（单位：mm）

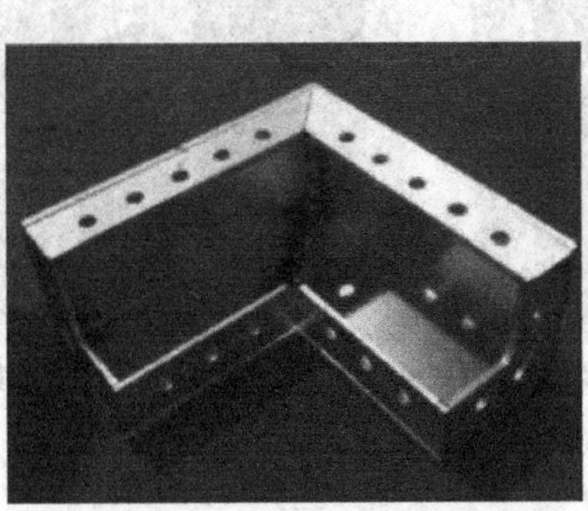

图 9.1.2-2　阴角转角模板

①—板下阴角转角模板；②—板下阴角模板；③—楼板平面模板；④—梁侧平面模板；
⑤—梁侧阴角模板；⑥—梁底阴角模板。

图 9.1.2-3 各类阴角模板实物图

①—梁底阴角模板；②—连接角模（梁底板与梁侧板连接）；③—连接角模（墙或柱面板转角处连接）。

图 9.1.2-4 连接角模实物图

9.1.3　承接模板

承接模板是承接上层外墙、柱及电梯井道模板的平面模板，如图 9.1.3-1 所示。

图 9.1.3-1　承接模板

9.1.4　支撑

支撑是用于支撑铝合金模板、加强模板整体刚度、调整模板垂直度、承受模板传递的荷载的部件，包括可调钢支撑、斜撑、背楞、柱箍等，如图 9.1.4-1 所示。

①—背楞；②—斜撑。

图 9.1.4-1　背楞及斜撑

9.1.5 早拆装置

早拆装置是由早拆头、早拆梁、早拆锁条等组成，并安装在竖向支撑上，可将模板及早拆梁降下，实现先行拆除模板的装置。

（1）梁底支撑头：用于连接梁底模板，支撑早拆梁。

（2）板底支撑头：用于连接早拆梁，支撑早拆板。

（3）单斜早拆梁：用于连接楼板端部的板底早拆头与楼板模板。

（4）双斜早拆梁：用于连接楼板跨中的板底早拆头与楼板模板。

（5）早拆锁条：用于连接板底早拆头与早拆梁。

板下早拆梁及早拆头（双斜）如图 9.1.5-1 所示，板底早拆头如图 9.1.5-2 所示，梁底早拆头如图 9.1.5-3 所示。

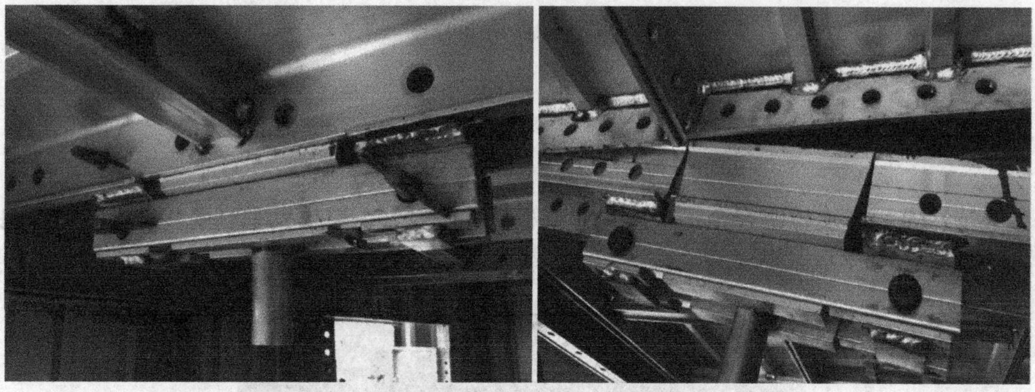

图 9.1.5-1　板下早拆梁及早拆头（双斜）

图 9.1.5-2　板底早拆头

图 9.1.5-3　梁底早拆头

9.1.6 配件

配件是用于铝合金模板构件之间的拼接或连接，以及两竖向侧模板及背楞拉结的部件，包括销钉、销片、对拉螺栓、对拉螺栓垫片等。

9.2 承载力计算

模板及支架的结构设计宜采用以分项系数表达的极限状态设计方法。

模板及支架结构构件应按短暂设计状况进行承载力计算。承载力计算应符合《混凝土结构工程施工规范》（GB 50666—2011）中的公式（4.3.5）：

$$\gamma_0 S \leqslant \frac{R}{\gamma_R}$$

式中，γ_0 的选取及荷载效应基本组合的设计值计算还应符合《建筑施工脚手架安全技术统一标准》（GB 51210—2016）的规定。

模板及支架的荷载效应基本组合的设计值可按《混凝土结构工程施工规范》（GB 50666—2011）中的公式（4.3.6）计算：

$$S = 1.35\alpha \sum_{i>1} S_{G_{ik}} + 1.4\psi_{cj} \sum_{j>1} S_{Q_{jk}}$$

模板及支架承载力计算的各项荷载应包括：参与组合的永久荷载，包括模板及支架自重（$G1$）、新浇筑混凝土自重（$G2$）、钢筋自重（$G3$）、新浇筑混凝土对模板的侧压力（$G4$）等；参与组合的可变荷载宜包括施工人员及施工设备产生的荷载（$Q1$）、混凝土下料产生的水平荷载（$Q2$）、泵送混凝土或不均匀堆载等因素产生的附加水平荷载（$Q3$）及风荷载（$Q4$）等。各项荷载取值及计算可按《混凝土结构工程施工规范》（GB 50666—2011）中的附录 A 确定。在计算荷载组合时，应按表 9.2-1 进行。

表 9.2-1 荷载组合

计算内容		参与荷载项
模板	楼板模板的承载力	$G1+G2+G3+Q1$
	梁底模板的承载力	$G1+G2+G3+Q2$

续表

计算内容		参与荷载项
模板	墙、柱侧面模板的承载力	$G4+Q2$
	墙、柱底面模板的承载力	$G4+Q3$
支撑系统	楼板立杆的承载力及稳定性	$G1+G2+G3+Q1+Q4$
	梁底立杆的承载力及稳定性	$G1+G2+G3+Q2+Q4$

支架应按混凝土浇筑前和混凝土浇筑时两种工况进行抗倾覆验算。支架的抗倾覆验算应满足《混凝土结构工程施工规范》（GB 50666—2011）中的公式：

$$\gamma_0 M_0 \leqslant M_r$$

在计算背楞强度时，需要注意的是，背楞实际承受的是墙柱模板边框传递的集中荷载，在全现浇墙板构造中，背楞一般为多跨连续梁，综合而言，采用单跨简支梁均布荷载模型是可以接受的。但在装配式结构模板体系中，尤其在预制墙板的后浇段支模构造中，背楞往往只有一跨，为消除上述简化带来的不安全因素，在该情况下，应按集中荷载验算背楞的强度和变形。

9.3 材料与构配件

9.3.1 材料

（1）铝合金挤压型材宜采用现行国家标准《一般工业用铝及铝合金挤压型材》（GB/T 6892—2015）中的 AL6061-T6 或 AL6082-T6。

（2）铝合金材质应符合现行国家标准《变形铝及铝合金化学成分》（GB/T 3190—2008）的有关规定。

（3）铝合金材料的物理性能指标应按表 9.3.1-1 采用。

表 9.3.1-1 铝合金材料的物理性能指标

弹性模量/(N/mm^2)	泊松比	剪变模量/(N/mm^2)	线膨胀系数（以每℃计）	质量密度/(kg/m^3)
70000	0.3	27000	23×10^{-6}	2700

（4）铝合金材料的强度设计值应按表 9.3.1-2 采用。

表 9.3.1-2 铝合金材料的强度设计值（N/mm²）

铝合金材料			用于构件计算		用于焊接连接计算	
牌号	状态	厚度/mm	抗拉、抗压、抗弯 f_a	抗剪 f_{va}	焊件热影响区抗拉、抗压和抗弯 $f_{u,haz}$	焊件热影响区抗剪 $f_{v,haz}$
6061	T6	所有	200	115	100	60
6082	T6	所有	230	120	100	60

（5）对拉螺栓应采用粗牙螺纹，其规格及轴向受拉承载力设计值可按表 9.3.1-3 采用。

表 9.3.1-3 对拉螺栓规格及轴向受拉承载力设计值

螺栓规格	螺栓外径/mm	螺栓内径/mm	净截面面积 A_n/mm²	质量/（N/m）	轴向受拉承载力设计值/kN
ϕ18	17.75	14.6	167.4	16.1	28.1
ϕ22	21.6	18.4	265.9	24.6	43.6
ϕ27	26.9	23.0	415.5	38.4	68.1

9.3.2 构配件

（1）模板构配件应根据用途按表 9.3.2-1 的规定进行分类。

表 9.3.2-1 铝合金模板构配件分类

类别	名称		用途
平面模板	楼板模板		用于楼板
	墙柱模板	外墙柱模板	外墙、柱外侧模板，与承接模板连接
		内墙柱模板	墙、柱内侧模板，底部连有 40mm 高的底脚
		墙端模板	墙端部封口处模板，两长边方向连有 65mm 宽的翼缘，底部连有 40mm 高的底脚
	梁模板	梁侧模板	缘，底部连有 40mm 高的底脚
		梁底模板	用于梁底，两长边方向均带有 65mm 宽的翼缘
	承接模板		承接上层外墙、柱外侧及电梯井道内侧模板
转角模板	楼板阴角模板		连接楼板模板与梁侧或墙柱模板
	梁底阴角模板		连接梁底模板与墙柱模板
	梁侧阴角模板		连接梁侧模板与墙柱模板
	楼板阴角转角模板		连接阴角转角处的楼板模板与梁侧、墙柱模板
	连接角模		连接阴角转角处相邻墙柱模板

续表

类别	名称	用途
早拆装置	梁底早拆头	连接梁底模板，支撑早拆梁
	板底早拆头	连接梁底模板，支撑早拆梁
	单斜早拆梁	连接梁底模板，支撑早拆梁
	双斜早拆梁	连接楼板跨中的板底早拆头与楼板模板连接板底早拆头与早拆梁
	早拆锁条	连接板底早拆头与早拆梁
支撑	可调钢支撑	支撑早拆头
	斜撑	用于竖向侧模板调直或提升模板刚度和稳定性
	背楞	用于提升竖向侧模板刚度的方钢管或其他形式的构件
	柱箍	用于提升柱模板刚度
配件	销钉	与销片配合使用，用于模板之间的连接，其中长销用于连接早拆锁条与其他早拆装置
	销片	与销钉配合使用
	对拉螺栓	用于拉结两竖向侧模板及背楞
	对拉螺栓垫片	对拉螺栓配件

（2）模板应采用模数制设计，其模数应符合现行国家标准《建筑模数协调标准》（GB/T 50002—2013）的有关规定。

（3）模板边框与端肋高宜为65mm，销钉孔位中心与板面距离宜为40mm。

（4）建筑层高为2.8～3.3m的住宅建筑模板宜采用标准模板，根据工程需要，可增设其他非标准模板。

（5）铝合金模板的标准规格及配件应符合表9.3.2-2和表9.3.2-3的规定。

表9.3.2-2　铝合金模板的标准规格

名称	主要参数			
平面模板主要参数	面板厚度	δ=3.5/4mm	边肋高	h=65mm
	孔径	ϕ=16.5mm	孔距	@=50/100/150/300
墙柱模板	长度L	2500/2700mm		
	宽度B	100/150/200/250/300/350/400mm		
楼板、梁底模板	长度L	1100mm		
	宽度B	200/250/300/350/400/600mm		
梁侧模板	长度L	1200mm		
	宽度B	150/200/250/300/350/400mm		
承接模板	长度L	600/900/1200/1500/1800mm		
	宽度B	300mm		

续表

名 称	主要参数	
楼板、梁侧、梁底阴角模板	宽度 *b*	100mm
	高度 *h*	100/110/120/130/140/150mm
	长度 *L*	200～1800 模数 50mm
楼板阴角转角模板	宽度 *b*	100mm
	高度 *h*	100/110/120/130/140/150mm
	长度 *L*1	250/300/350/400mm
	长度 *L*2	250/300/350/400mm
梁底支撑头	长度 *L*	240/290/340/390/440/490mm
	宽度 *B*	100mm

表 9.3.2-3 铝合金模板的配件规格

名 称	规格/mm	材 质
插销	ϕ16×50/ϕ16×130/ϕ16×195	Q235
销片	24×70×3.5/32×12×80×3.0（弯形）	Q235
螺栓	M16×35	Q235
支撑	外管 60×2.5×2000 内管 48×3.0×1700	Q235
斜撑	48×3.0×2000、48×3.0×900	Q235
背楞	80×40×2.5/60×40×3.0	Q235
对拉杆	M16-M24 粗牙螺杆	Q235 或 45#
对拉片	33×3/3.5/4.0	Q235 或 45#
垫片	75×75×8.0	Q235
底角连接角	65×40	Q235

9.4 施工管理

9.4.1 施工准备

（1）模板施工前，应制定详细的施工方案。施工方案应包括模板安装、拆除、安全措施等各项内容。

施工方案的编制依据除现行国家、行业规范、规程、标准外，还应有包含以下内容的铝合金模板深化设计施工图：墙柱配板图，梁配板图，楼面配板图，K 板图，楼梯配板图，飘窗配板图，吊模配板、加固图，背楞斜撑图，节点大样图。

对于危险性较大或超过一定规模的模板工程的施工方案，施工单位应组织专家进行专项技术论证。

（2）模板安装前，应向施工班组进行技术交底。操作人员应熟悉模板施工方案及模板体系的深化设计施工图。

（3）模板安装现场应设有测量控制点和测量控制线，应进行楼面抄平并做好定位控制措施。

墙柱支模前，应先在安装面上弹出墙柱边线、洞口线与控制线，其中墙柱控制线距墙边线300mm，控制线以内的安装面应严格抄平，允许偏差为0，-10mm。

采用焊接定位筋等措施控制墙柱模板的安装位置。

（4）组合铝合金模板安装前，应复核已安装就位的预制构件的轴线位置、垂直度、平整度、标高、斜拉杆、预埋件及与之交接的钢筋等是否满足安装要求，对有偏差或影响模板安装的部位应提前处理。

（5）组合铝合金模板安装前，应对钢筋、预留预埋等隐蔽工程进行验收，合格后方可封装模板。

（6）采用灌浆连接的构件，在模板安装前，应完成灌浆并养护至35MPa以上。

（7）模板运输与堆放。

铝合金模板在工厂分区、分构件进行编码，打包好后装车运至施工现场。

模板编码按照“分户型、分部位”的原则，并按照构件类型进行打包，禁止按板材型号包装和混合包装，上下飘板应分开打包。

铝合金模板装车时应按照“上轻下重，上小下大”的原则，平行叠放稳妥，避免碰撞。每捆打包的铝合金模板之间应加垫木，铝合金模板与垫木应上下对齐，并应整体捆绑牢固，防止摇晃摩擦。

（8）施工现场应根据施工组织设计及专项施工方案的要求，提前安排好模板堆放场地。

（9）模板进场时应按下列规定进行模板、支撑的材料验收。

① 应检查铝合金模板的出厂合格证。

② 应按模板及配件规格、品种与数量明细表、支撑系统明细表查验进场产品。

③ 模板使用前应进行外观质量检查，模板表面应平整，无油污、破损和变形，焊缝应无明显缺陷。

（10）模板进场后，宜根据安装顺序，按照墙板→梁底板→梁侧板→水平 C 板→楼平板→K 板的顺序，分批、分区就近码放，混放堆码时，墙板宜放在最上面，配件应与模板分开放置，严禁将背楞置于货物下方，防止背楞被压弯变形。

（11）宜按分区和构件的安装顺序在包装外标记起吊序号，同时在楼层平面图上的相应构件处进行同样的编号标识，安装时按照序号吊放在对应的位置上。

（12）模板露天堆放地面应平整、坚实、有排水措施，模板底面应垫离地面 200mm 以上，至少有两个支点，且支点间距不大于 800mm、与模板两端的距离不大于 200mm。码放高度不大于 1.2m，且有可靠的防倾覆措施。配件入库保存时，应分类存放，小件要点数装箱入袋，大件要整数成堆。

（13）模板安装前，表面应涂刷脱模剂，且不得使用影响现浇混凝土结构性能或妨碍装饰工程施工的脱模剂。

9.4.2 模板安装

（1）组合铝合金模板的设计、配置、供应、施工等宜由专业公司实施完成。

（2）模板及其支撑应按照配模设计的要求进行安装，配件应安装牢固。

（3）铝合金模板施工流程一般为：放墙柱位线→标高抄平→安装墙柱模板→安装背楞→检查垂直度及平整度→安装梁模板→安装楼面模板→检查楼面平整度及复核墙柱垂直度和平整度→移交绑扎梁板钢筋→混凝土浇筑。

当楼板采用预制的装配式结构时，上述流程无须安装楼面模板，预制楼板一般搁置在阴角模板上，一个房间内，除在四周设置阴角模板外，还需要按照配模方案设置纵横向的龙骨（配合早拆头设置），以保证预制楼板在叠合层施工过程中的承载力。预制楼板支撑模板示意图如图 9.4.2-1 所示。

墙柱采用预制的装配式结构，楼板的阴角模板固定在预制墙柱的顶端，同时与竖向后浇段模板的端肋连接。预制墙柱顶端需要预留固定阴角模板的螺栓孔。

（4）应先支设墙柱模板或竖向预制构件的后浇段模板，调整固定后架设梁模板及楼板模板。墙柱模板的安装必须从角部开始，形成稳定支撑后方可按顺序安装其他部位模板。墙体或后浇段单边板安装时必须加设可靠的临时支撑；墙柱模板封闭前应及时加上对拉螺栓及胶杯、胶管、定位撑条等顶紧装置。

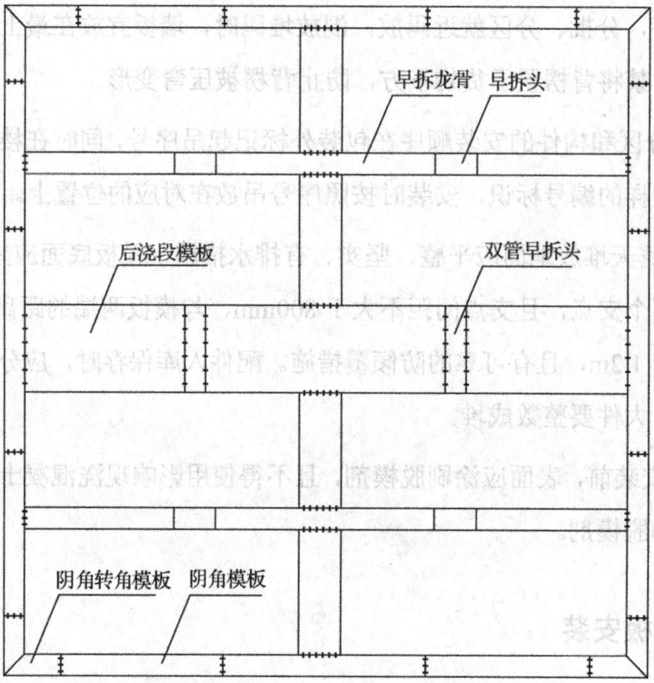

图 9.4.2-1　预制楼板支撑模板示意图

（5）当有预制凸窗、预制墙板时，模板宜先从另一端向预制凸窗、预制墙板方向逐件安装，模板盖过预制构件不大于 50mm，且应避开预制构件的临时固定连接件，接口处宜用螺杆和背楞加固。

（6）在铝合金模板与预制构件相交处，应按设计要求采取防漏浆措施，设计无要求时，宜贴泡沫胶。

（7）铝合金模板体系应综合考虑预制构件支撑的整体稳定性。

（8）墙柱模板的基面应调平，下端应与定位基准靠紧垫平。在墙柱模板上继续安装模板时，模板应有可靠的支撑点。

（9）模板的安装应符合下列规定。

① 墙两侧模板的对拉螺栓孔应平直相对，穿插螺栓时不得斜拉硬顶。当需要改变孔位时，应采用机具钻孔，严禁用电/气焊灼孔。

② 背楞宜取用整根杆件。背楞搭接时，上下道背楞接头宜错开设置，错开位置不宜小于 400mm，接头长度不应小于 200mm。当上下接头位置无法错开时，应采用具有足够承载力的连接件。

③ 墙柱模板最底层背楞距离地面及外墙最上层背楞距离板顶不宜大于 300mm，内墙最上层背楞距离板顶不宜大于 700mm；除应满足计算要求外，背楞竖向间距不宜大于 800mm，对拉螺栓横向间距不宜大于 800mm。转角背楞及宽度小于 600mm 的柱箍宜一体化（见图 9.4.2-2），相邻墙肢模板宜通过背楞连成整体。

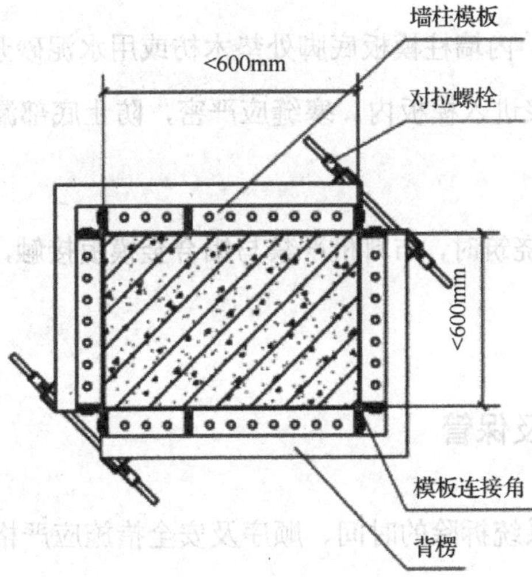

图 9.4.2-2 柱箍一体化

④ 对跨度大于 4m 的现浇钢筋混凝土梁、板，其模板应按设计要求起拱，当设计无具体要求时，起拱高度宜为构件跨度的 1/1000～3/1000。起拱不得减小构件的截面高度。

⑤ 固定在模板上的预埋件、预留孔、预留洞、吊模角钢、窗台盖板不得遗漏，且应安装牢固，其偏差应符合规范要求。

（10）早拆模板支撑系统的上下层竖向支撑的轴线偏差不应大于 15mm，支撑立柱垂直度偏差不应大于层高的 1/300。

（11）竖向模板之间及其与竖向转角模板之间应用销钉锁紧，销钉间距不宜大于 300mm。对于模板顶端与转角模板或承接模板连接处、竖向模板拼接处，当模板宽度大于 200mm 时，不宜少于 2 个销钉；当宽度大于 400mm 时，不宜少于 3 个销钉。

（12）传料口的下一层要做好洞口封闭，防止物料坠落伤人。

（13）墙柱模板不宜在竖向方向上拼接，如果工程确实需要，则需要在拼缝一侧或两侧 300mm 内加设一道横向背楞，或者在垂直拼缝方向设置一定数量的竖向背楞。

（14）楼板模板（或预制楼板的底部支撑龙骨）受力端部除应满足受力要求外，每孔均应用销钉锁紧。

（15）梁侧阴角模板、梁底阴角模板与墙柱模板连接，除应满足受力要求外，每孔还均应用销钉锁紧，且孔间距不宜大于 100mm。

（16）浇筑混凝土前，内墙柱模板底脚处垫木枋或用水泥砂浆塞缝，当采用水泥砂浆塞缝时，注意不要让砂浆进入模板内。塞缝应严密，防止底部漏浆烂根，影响混凝土成型质量。

（17）当采用布料机浇筑时，布料机严禁与铝合金模板接触，防止送料过程中的振动导致模板销钉松动。

9.4.3 模板拆除及保管

（1）模板及其支撑系统拆除的时间、顺序及安全措施应严格遵照模板专项施工技术方案。

铝合金模板体系拆除基本流程：拆卸吊模、盖板等→拆卸配件→拆卸竖向现浇构件模板→拆卸水平现浇构件模板（保留早拆头）→拆卸除早拆头以外的支撑系统。

（2）拆除模板前，应对操作人员进行安全技术交底。

（3）拆除模板时，应由专职人员进行现场监督与指导。

（4）拆除时间宜符合以下规定。

① 悬挑构件及其相邻构件应在混凝土强度达到 100%后同时拆除。

② 传料口周边底部支撑应在封堵混凝土达到拆模强度后拆除。

③ 铝合金模板的早拆时间由同条件养护试块抗压强度和预留的早拆头支撑间距确定，应符合表 9.4.3-1 的规定，且同条件养护试块抗压强度应不低于 10MPa。

表 9.4.3-1　拆模强度要求对照表

构 件 类 型	支撑跨度/m	达到设计的混凝土立方体抗压强度标准值的百分率/%
板面	≤2	≥50
	＞2，≤3	≥75
	＞3	≥100
梁、拱、壳	≤1.5	≥40
	＞1.5，≤2	≥50
	＞2，≤3	≥75
	＞3	≥100
悬臂构件	—	≥100

注：1．表中构件跨度指预留早拆头及支撑的间距。

2．同条件养护混凝土立方体试块抗压强度不应小于 10N/mm²。

3．表中悬臂构件规定的强度是指多套支撑最底层受力构件的混凝土强度。

当混凝土强度达到设计要求时，方可拆除工具式支撑；当设计无具体要求时，达到同条件养护试件的混凝土抗压强度后方可拆除工具式支撑。同条件养护试件的混凝土抗压强度应符合表 9.4.3-2 的规定。

表 9.4.3-2　支撑拆除时同条件养护试件的混凝土抗压强度要求

构 件 类 型	构件跨度/m	达到设计的混凝土立方体抗压强度标准值的百分率/%
板面	≤2	≥50
	＞2，≤8	≥75
	＞8	≥100
梁、拱、壳	≤8	≥75
	＞8	≥100
悬臂构件	—	≥100

（5）早拆模板拆模前应填写审批表，并经监理批准后方可拆除。早拆模板的设计与施工应符合下列规定。

① 在拆除早拆模板时，严禁扰动保留部分的支撑系统。

② 严禁竖向支撑随模板拆除后进行二次支顶。

③ 支撑杆应始终处于承受荷载状态，结构荷载传递的转换应可靠。

④ 拆除模板、支撑时的混凝土强度应符合现行国家标准《混凝土结构工程施工质量

验收规范》（GB 50204—2015）的有关规定。

（6）模板拆除时应符合下列规定。

模板拆除时，可采取先支后拆、后支先拆，先拆非承重模板、后拆承重模板的顺序，并应自上而下进行拆除。

支承件和连接件应逐件拆卸，模板应逐块拆卸传递，拆除时不得损伤模板和混凝土。

拆除销钉组时，应采取防止销钉飞散的措施。

模板和配件拆除后，应及时清除黏结砂浆、杂物、脱模剂。对变形及损坏的模板及配件，应及时整形和修补。清理后的模板和配件应分类堆放整齐，不得倚靠模板或支撑构件堆放。

（7）对于暂不使用的模板，板面应涂刷脱模剂，焊缝开裂时应补焊，并按规格分类堆放。

（8）模板宜放在室内或敞棚内，模板的底面应垫离地面 100mm 以上。露天堆放时，地面应平整、坚实、有排水措施，模板底面应垫离地面 200mm 以上，至少有两个支点，且支点间距不大于 800mm、与模板两端的距离不大于 200mm，码放的总高度不大于 2000mm，且有可靠的防倾覆措施。

（9）配件入库保存时，应分类存放，小件点数装箱入袋，大件整数成堆。

9.4.4 模板安全措施

（1）模板工程应编制安全专项施工方案，并应经施工企业技术负责人和总监理工程师审核签字。对于层高超过 3.3m 的可调钢支撑模板工程或超过一定规模的模板工程安全专项施工方案，施工单位应组织专家进行专项技术论证。

（2）模板装拆和支架搭设、拆除前，应进行施工安全技术交底，并应有交底记录。模板安装、支架搭设完毕，应按规定组织验收，并应经责任人签字确认。

（3）高处作业时，应符合现行行业标准《建筑施工高处作业安全技术规范》（JGJ 80—2016）的有关规定。

（4）在安装墙柱模板时，应及时固定支撑，防止倾覆。

（5）施工过程中的检查项目应符合下列规定。

① 可调钢支撑等支架基础应坚实、平整，承载力应符合设计要求，并应能承受支架上部荷载。

② 可调钢支撑等支架底部应按设计要求设置底座，规格应符合设计要求。

③ 可调钢支撑等支架立杆规格尺寸、连接方式、间距和垂直度应符合设计要求。

④ 销钉、对拉螺栓、定位撑条、承接模板与斜撑的预埋螺栓等连接件的个数、间距应符合设计要求。螺栓螺帽应扭紧。

⑤ 严禁采用钢筋替代可调钢支撑的插销，严禁用木枋代替背楞。

（6）模板支架使用期间，不得擅自拆除支架结构杆件。

（7）在大风地区或大风季节施工，应验算风荷载产生的上浮力影响，且应有抗风的临时加固措施，防止模板上浮。雷雨季节施工应有防湿滑、避雷措施。

（8）在模板搭设或拆除过程中，当停止作业时，应采取措施保证已搭设或拆除后剩余部分模板的安全。

9.5　模板验收

在浇筑混凝土前，应对模板工程进行验收，并应填写质量验收记录表。

9.5.1　主控项目

（1）在安装现浇结构的上层模板及其支架时，下层楼板应具有承受上层荷载的承载能力，或者加设支架。上、下层支架的立柱应对准，并铺设垫板。

检查数量：全数检查。

检验方法：对照模板设计文件和施工技术方案观察。

（2）在涂刷脱模剂时，不得污染钢筋和混凝土接茬处。

检查数量：全数检查。

检验方法：观察。

（3）应按照配模设计要求检查可调钢支撑等支架的规格、间距、垂直度、插销直径等。

检查数量：全数检查。

检验方法：对照模板支架设计图纸检查。

（4）应对销钉、背楞、对拉螺栓、定位撑条、承接模板和斜撑的预埋螺栓等的数量、位置进行检查。

检查数量：全数检查。

检验方法：对照模板设计文件检查。

9.5.2 一般项目

（1）模板安装应符合下列规定。

模板的接缝应平整、严密，不应漏浆。

模板与混凝土的接触面应清理干净并涂刷脱模剂。

在浇筑混凝土前，模板内的杂物应清理干净。

检查数量：全数检查。

检验方法：观察。

（2）应按规范要求检查模板起拱情况。

检查数量：在同一检验批内，对梁，应抽查构件数量的 10%，且不少于 3 件；对板，应按有代表性的自然间抽查 10%，且不少于 3 间；对大空间结构，板可按纵横轴线划分检查面，抽查 10%，且不少于 3 面。

检验方法：水准仪或拉线、钢尺检查。

（3）固定在模板上的预埋件、预留孔、预留洞的安装允许偏差应符合表 9.5.2-1 的规定。

检查数量：在同一检验批内，对梁、柱，应抽查构件数量的 10%，且不少于 3 件；对墙和板，应按有代表性的自然间抽查 10%，且不少于 3 间；对大空间结构，墙可按相邻轴线间高度 5m 左右划分检查面，板可按纵横轴线划分检查面，抽查 10%，且均不少于 3 面。

检验方法：钢尺检查。

表 9.5.2-1 预埋件、预留孔、预留洞的安装允许偏差

项目		允许偏差/mm
预埋管、预留孔中心线位置		3
预埋螺栓	中心线位置	2
	外露长度	+10，0
预留洞	中心线位置	10
	尺寸	+10，0

注：在检查中心线位置时，应沿纵、横两个方向量测，并取其中的较大值。

（4）模板安装垂直度、平整度、轴线位置等允许偏差及检验方法应符合表 9.5.2-2 的要求，清水混凝土模板还应符合现行行业标准《清水混凝土应用技术规程》(JGJ 169—2009）的有关规定。

检查数量：同一检验批内，抽查构件数量不少于 10%，且不少于 3 件（面）。

检验方法：水准仪或吊线、钢尺检查。

表 9.5.2-2 模板安装的允许偏差及检验方法

项目		允许偏差/mm	检验方法
模板垂直度		5	水准仪或吊线、钢尺检查
梁侧、墙柱模板平整度		3	水准仪或吊线、钢尺检查
墙柱、梁模板轴线位置		3	水准仪或钢尺检查
底模上表面标高		±5	水准仪或拉通线、钢尺检查
截面内部尺寸	柱、墙、梁	+4，−5	钢尺检查
单跨楼板模板的长宽尺寸累计误差		±5	水准仪或钢尺检查
相邻模板表面高低差		1.5	钢尺检查
梁底模板、楼板模板表面平整度		6	水准仪或 2m 靠尺、塞尺检查
相邻模板拼接缝隙宽度		≤1.5	塞尺检查

注：在检查轴线位置时，应沿纵、横两个方向量测，并取其中的较大值。

本章复习题

1. 填空题

（1）用于混凝土结构转角处的铝合金模板包括__________、__________、__________。

（2）用于铝合金模板构件之间的拼接或连接、两竖向侧模板及背楞拉结的部件包括__________、__________、__________、__________等。

（3）铝合金模板所用铝材常见的两种牌号为__________、__________。

（4）铝合金模板对拉螺栓应采用__________螺纹，最小直径为__________。

（5）铝合金模板深化设计施工图包括__________。

2．思考题

（1）简述铝合金模板的优点和缺点。

（2）对于装配式结构，为了配合铝合金模板施工，预制构件在预留、预埋方面应该考虑哪些因素？

第 10 章　外墙拼缝打胶施工

10.1　概述

外墙拼接防水打胶 1　　外墙拼接防水打胶 2　　外墙拼接防水打胶 3

装配式建筑外墙存在大量的拼接缝，很容易发生拼接缝渗漏。同时，复合保温外墙板的不易修复性大大增加了装配式建筑渗漏治理的难度。因此，装配式建筑防水的关键是外墙拼接缝的密封防水。装配式建筑预制外墙接缝的防水一般采用构造防水和材料防水相结合的双重防水措施，而防水密封胶是外墙接缝防水的第一道防线，其性能及施工质量直接关系工程的防水效果。

10.2　建筑密封胶分类及性能要求

建筑密封胶用于接缝的密封、防水，具有耐老化、耐久性强等特点，又称为耐候建筑密封胶，不得与结构密封胶混用。

（1）按组成成分：分为硅酮 SR、聚氨酯 PU、改性硅烷（改性硅酮 MS）、聚硫 PS、丙烯酸酯 AC、丁基 BU、环氧树脂七大类。

（2）按产品用途：分为幕墙结构装配用胶、幕墙面板接缝用胶、石材干挂胶、混凝土装配式建筑外墙接缝胶及其他用途产品。

对于常用的硅酮建筑密封胶，有如下分类。

① 按固化体系：分为酸性硅酮胶和中性硅酮胶，其中，中性硅酮胶又可分为脱醇型和脱肟型。

② 按固化形式：分为单组分和多组分，如图 10.2-1 和图 10.2-2 所示。其中，双组分密封胶属于多组分密封胶。

③ 按固化原理：分为单组分湿气固化型、多组分反应固化型、水乳液干燥固化型、溶剂挥发固化型。

④ 按密封胶次级别：分为高模量 HM 和低模量 LM。

⑤ 按使用季节：分为夏季型、冬季型、全年施工型。

图 10.2-1　单组分密封胶

图 10.2-2　双组分密封胶

单组分密封胶与空气中的水汽反应固化，需要足够的接触面，当密封胶厚度较大时，处于深处的胶很难固化，且固化较慢，速度不可调，易受环境影响。双组分密封胶一般由主剂和固化剂调配形成，通过自身发生化学反应固化，不受深度的限制，固化速度快且可调，受环境影响小。

单组分密封胶与结构的黏结性比较好，理论上可不刷底涂液。双组分密封胶与结构的黏结性差，必须刷底涂液。

单组分密封胶施胶设备简单，双组分密封胶需要专门的搅拌设备及打胶枪。

建筑密封胶主要性能参数需要满足表 10.2 要求。

表 10.2　建筑密封胶主要性能参数要求

序　号	项　目		技术指标
1	密度/（g/cm³）		标称值±0.1
2	下垂度/mm	垂直	≤3
		水平	无变形
3	表干时间/h	单组分	≤8
		双组分	≤16
4	挤出性 [a]/（mL/7min）		≥150
5	适用期 [b]/h		≥0.5

续表

序 号	项 目		技 术 指 标
6	弹性恢复率/%		≥80
7	拉伸模量/MPa	23℃	≤0.4 和≤0.6
		-20℃	
8	定伸黏结性		无破坏
9	浸水后定伸黏结性		无破坏
10	冷拉•热压后黏结性		无破坏
11	质量损失率/%		≤5
12	污染性/mm	污染宽度	≤1.0
		污染深度	≤1.0
13	耐久性（6 个循环）		无破坏
14	相容性	颜色变化	试验试件与对比试件颜色变化一致
		基材与密封胶	试验试件、对比试件与基材黏结破坏面积的差值≤5%

注：a．此项仅适用于单组分产品。

b．此项仅适用于多组分产品。

10.3 辅助材料及工具

10.3.1 背衬材料

密封胶的背衬材料宜选用发泡闭孔聚乙烯塑料棒（见图 10.3.1）或发泡氯丁橡胶棒，直径应不小于 1.5 倍缝宽，密度宜为 24～48kg/m³。

图 10.3.1 发泡闭孔聚乙烯塑料棒

背衬材料的主要作用是控制密封胶胶体的厚度并避免出现三面黏结妨碍形变。预制外墙接缝处密封胶的背衬材料在构造防水或构造与材料相结合的防排水设计中是形成常压空腔的重要组成部分，并为密封胶嵌缝施工提供较稳定的基层。外墙接缝施工过程会产生缝宽误差，选用直径大于缝宽的背衬材料可以增加背衬材料与预制外墙的接触面，提高牢固度，以方便防水密封胶层的施工和保证防水质量。

10.3.2 黏结隔离材料

防水密封胶嵌入墙板拼缝后，与拼缝两侧混凝土基层黏结，与背衬材料接触的一侧不宜发生黏结，否则会使密封胶处于三面黏结状态，在变形时形成复杂应力状态而发生破坏。

常用的隔离材料有聚乙烯或聚四氟乙烯自黏带，不建议采用液体黏结隔离材料，防止污染黏结面。

一般情况下，当采用硬质背衬材料时，宜使用黏结隔离材料，以阻止密封胶黏结到硬质背衬上，形成有害的三面黏结。软的易变形的开孔背衬材料因不会明显地限制密封胶的自由移动而不需要黏结隔离材料。

10.3.3 美纹纸

美纹纸，如图 10.3.3-1 所示，沿拼缝周边粘贴，用来保护拼缝附近的墙面，防止打胶时污染。美纹纸的宽度不小于 20mm。

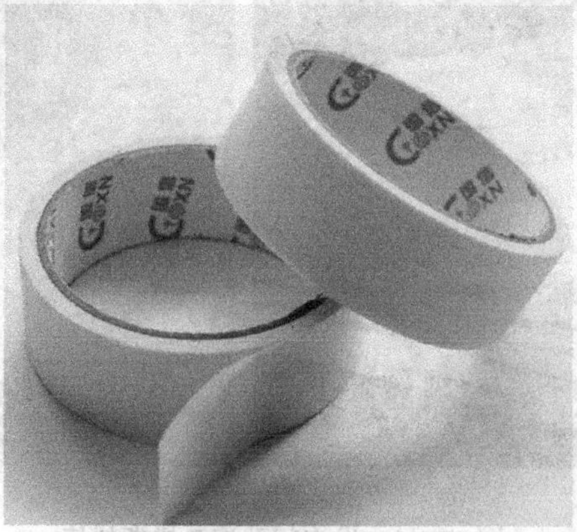

图 10.3.3-1　美纹纸

10.3.4 底涂液

底涂液是用来提高密封胶和基材之间黏结性的材料，通常为液体，均匀涂抹后成膜。底涂层可以提高密封胶和基材黏结的可靠性与耐久性。底涂液含有挥发溶剂，要保存在指定场所，尤其要注意防火。

10.3.5 导水管

导水管应采用专用单向排水管，管内径不宜小于 10mm，外径不应大于接缝宽度，管壁厚度不应小于 1mm，材质为 PE 或橡胶材料，并应具有良好的耐候性，在密封胶表面的外露长度不应小于 5mm。

设置导水管有两个目的。

（1）连通接缝空腔内外，达到平衡气压的作用。

（2）将透过密封胶的渗漏水排出。这种做法在日本及我国南方地区的外墙密封防水工程中很常见。

10.3.6 打胶工具

用于打胶的工具包括角磨机、切割机、吹风机、双组分搅拌机（见图 10.3.6-1）、单组分打胶枪、双组分打胶枪、钢丝刷、毛刷、铲刀、刮刀、底涂刷、美工刀、卷尺等。打胶工具箱如图 10.3.6-2 所示。

图 10.3.6-1 双组分搅拌机

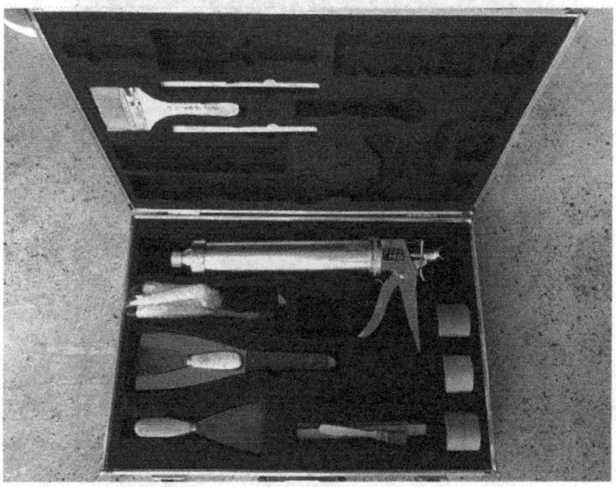

图 10.3.6-2 打胶工具箱

10.4 打胶施工

10.4.1 接缝界面要求及处理

（1）接缝处应清理干净，保持干燥，伸出外墙的管道、预埋件应安装完毕，如图 10.4.1-1 所示。

（2）接缝的宽度应满足设计要求，并应保持畅通，如图 10.4.1-2 所示。

（3）对吊装过程中造成的缺棱掉角等破损部位，应修补，如图 10.4.1-3 所示。

（4）接缝堵塞处应进行清理，错台部位应用角磨机打磨平整，如图 10.4.1-4 所示。

图 10.4.1-1 清理接缝

图 10.4.1-2 修整切割接缝

图 10.4.1-3 修补缺陷

图 10.4.1-4 打磨错台

（5）当接缝宽度不符合要求时，不得采用剔凿的方式增加接缝宽度。当需要扩缝或清理缝中的杂质时，可采用切割的方式。

经处理的预制外墙接缝两侧的混凝土基层应符合下列要求。

（1）基层应坚实、平整，不得有蜂窝、麻面、起皮和起砂现象。

（2）表面应清洁、干燥，无油污、无灰尘。

（3）接缝两侧基层高度偏差不宜大于 2mm。

10.4.2　填塞背衬材料

（1）接缝处理完毕，用吹风机或毛刷将缝隙内的灰尘或杂物清理干净后即可填塞背衬材料。一般当墙板接缝为 20mm 宽时，打胶深度宜为 10～15mm，因此，在填塞背衬材料时，需要控制嵌入深度。

（2）如图 10.4.2-1 所示，背衬材料推入缝内应均匀、顺直，接长使用时，尾部需要用美工刀裁成 45° 角，方便拼接。

图 10.4.2-1　填塞背衬材料

（3）当需要安装导水管时，应在导水管部位斜向上按设计角度设置背衬材料，背衬材料应内高外低。

（4）导水管应顺背衬材料方向埋设，与两侧基层的间隙应用密封胶封严。

（5）导水管的上口应位于空腔的最低点。

（6）应避免密封胶堵塞导水管。

导水管敷设如图 10.4.2-2 所示。

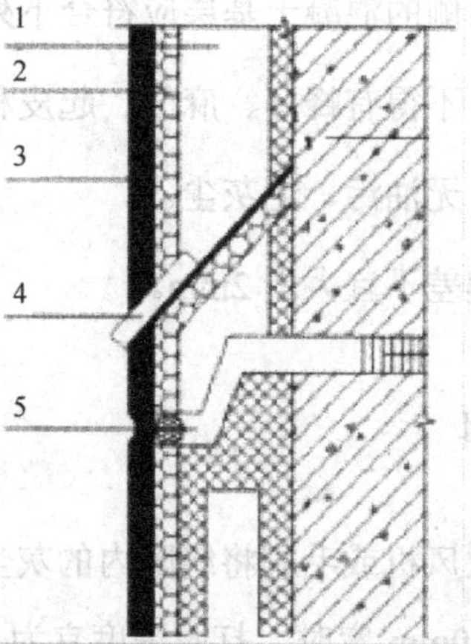

1—竖向常压排水空腔；2—背衬材料；3—耐候建筑密封胶；
4—导水管；5—水平向常压排水空腔。

图 10.4.2-2　导水管敷设

10.4.3　贴美纹纸

美纹纸应在刷底涂液前粘贴。美纹纸在转角处的粘贴可按 45° 折叠，保证平直、连续，转角方正垂直，如图 10.4.3-1 所示。

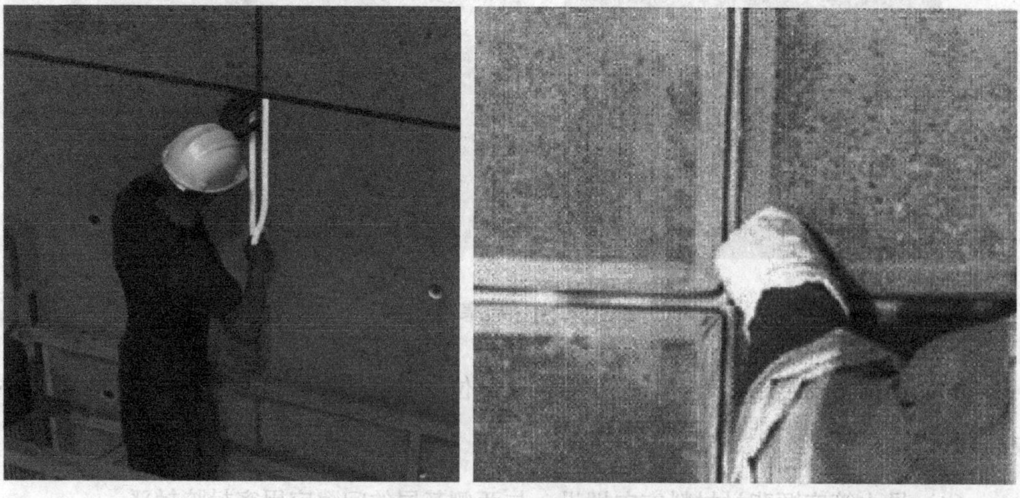

图 10.4.3-1　贴美纹纸

一个板块上的美纹纸尽量通长粘贴，撕除时只需揭开一角，利用铲刀慢慢卷起，直至美纹纸全部撕除，这样可避免多次触碰墙面，减少污染。

10.4.4　刷底涂液

底涂液要求涂布均匀，不得漏涂。将底涂液倒入小塑料杯中，用小毛刷涂刷接缝处混凝土面。涂刷好后，应待涂层干燥后进行密封胶施工，且应在涂刷后 8h 内完成。若密封胶施工不能在规定时间内开始，则需要在正式施胶前再次涂刷底涂液。在一般条件下，底涂层干燥时间在 30min 以内。

双组份密封胶搅拌

10.4.5　双组分密封胶制备

双组分密封胶的固化剂和主剂的比例一般在出厂前已按照包装定好，使用时只要将固化剂倒入主剂桶内混合搅拌即可。

将主剂桶放置在专用的混胶机器上，扣上固定卡扣，安装好搅拌划桨，启动电源开关，设置好搅拌时间（15min），由机器按设定的程序自动混胶，混胶机搅拌双组分密封胶如图 10.4.5-1 所示。不宜使用手动搅拌机，以免混入气泡。

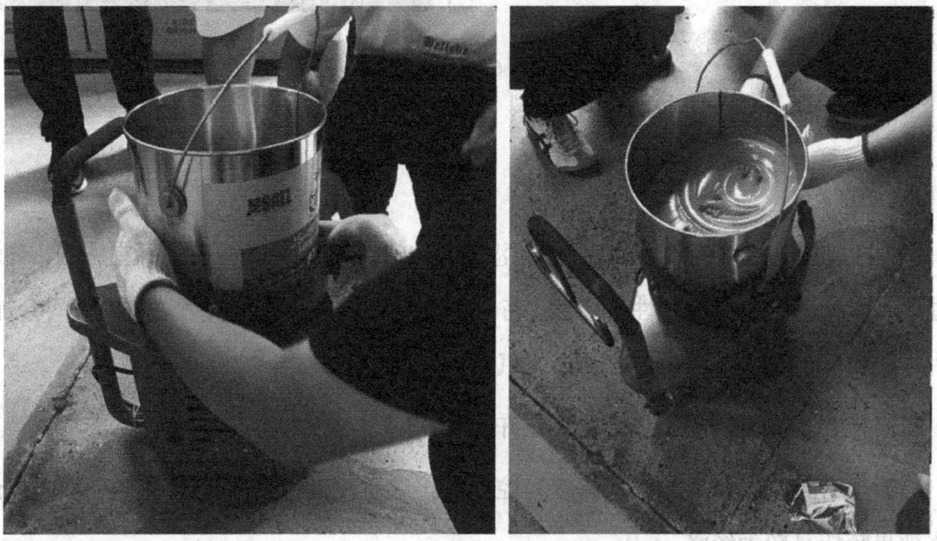

图 10.4.5-1　混胶机搅拌双组分密封胶

10.4.6 蝴蝶试验

混胶结束后，可通过蝴蝶试验判断混胶是否均匀，如果胶样无明显的异色条纹，则可认为混胶均匀。

如图 10.4.6-1 所示，蝴蝶试验可采用 A4 纸制作，沿长边将纸对折后展开，沿对折处挤注 200mm 的密封胶，然后把纸叠合起来，挤压纸面，使密封胶分散成半圆形薄层，然后把纸打开，观察密封胶。如果密封胶颜色均匀，则密封胶混合较好；如果密封胶颜色不均匀或有不同颜色的条纹，则说明混合不均匀，不能使用。

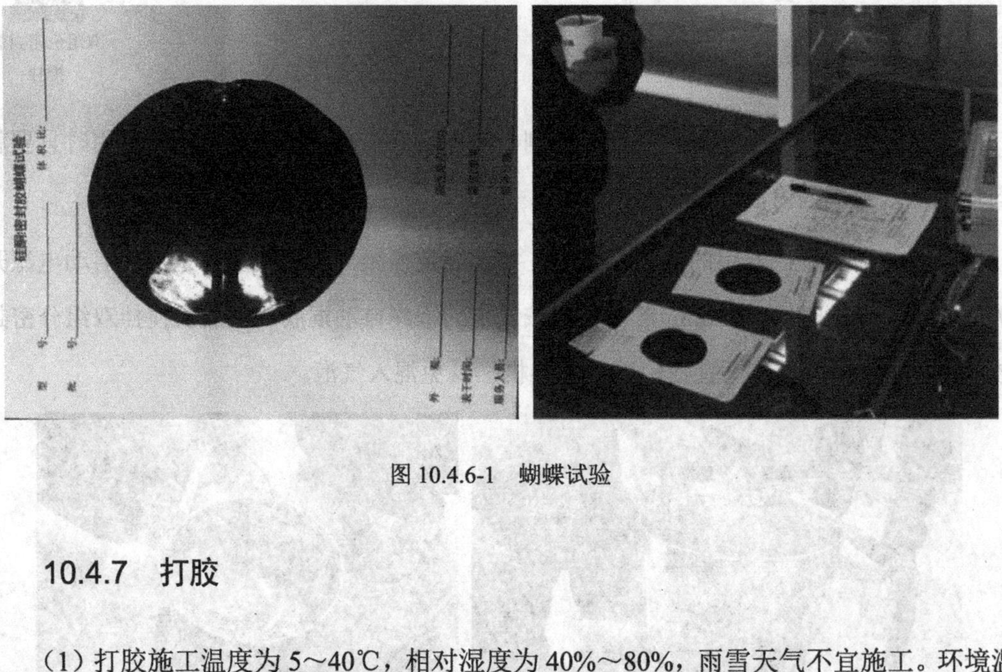

图 10.4.6-1　蝴蝶试验

10.4.7 打胶

（1）打胶施工温度为 5～40℃，相对湿度为 40%～80%，雨雪天气不宜施工。环境温度过低会降低密封胶的黏结性；温度过高会使密封胶的抗下垂性变差、固化时间会加快、使用时间和修整时间会缩短，容易产生气泡。

（2）打胶基面必须干燥，否则不允许施工。

（3）当密封胶的厚度（嵌入深度）控制在接缝宽度的 0.5～0.7 倍且不小于 8mm 时，防水效果较佳且较为经济。

（4）根据填缝的宽度，沿 45° 角将胶嘴切割至合适的口径，当采用双组分密封胶时，吸胶时枪嘴应低于胶面，避免吸入空气，吸胶用力要均匀；当采用单组分密封胶时，将胶条放入胶枪中即可。

（5）打胶时，尽量将枪嘴探到背衬材料表面，挤注动作应连续进行，使胶均匀、连续地呈圆柱状从枪嘴挤出。枪嘴应均匀缓慢地移动，确保接口内充满密封胶，防止枪嘴移动过快而产生气泡或空腔，如图 10.4.7-1 所示。

（6）在对十字接口或 T 字接口打胶时，应先在接口处挤进足量密封胶，再分别向其他几个方向牵引施胶，如图 10.4.7-2 所示。

图 10.4.7-1　打胶

图 10.4.7-2　十字接缝处的打胶方法

（7）打胶时不可避免会混入少量空气，当混入大量空气时，需要去除胶体后重新打胶。

（8）当缝宽大于 30mm 时，需要分两次注胶，填缝厚度不应小于 15mm。

（9）如果同一条接缝的施胶过程中断而需要分两次施工时，则将胶条尾部修整成 45° 坡度，方便后续接头。

（10）打胶完成后，在密封胶表干前，用刮刀或专用压片沿着打胶的反方向刮平压实，禁止来回反复刮胶，如图 10.4.7-3 所示。

（11）夏秋高温季节施工，需要用抹刀将胶体表面修饰成平整美观的平面形状；冬春低温季节施工，需要将胶体表面修饰成凹面形状。

（12）胶面修饰完成后，应立刻去除美纹纸，墙板上黏附的密封胶要在其固化前用溶剂去除，并对现场进行清扫。施工工具应用清洗剂清洁干净。

图 10.4.7-3　刮胶处理

本章复习题

1. 填空题

（1）建筑密封胶按组成成分可分为______________。

（2）硅酮建筑密封胶按固化形式可分为__________、__________。

（3）密封胶的背衬材料宜选用发泡闭孔聚乙烯塑料棒或发泡氯丁橡胶棒，直径应不小于__________倍缝宽。

（4）一般当墙板接缝为 20mm 宽时，打胶深度宜为__________。

（5）背衬材料推入缝内应均匀、顺直，当接长使用时，尾部需要用美工刀裁成__________角方便拼接。

（6）当需要安装导水管时，应在导水管部位斜向上按设计角度设置背衬材料，背衬材料应__________。

（7）底涂涂刷好后，应待涂层__________后进行密封胶施工，且应在底涂涂刷后__________h 内完成。

（8）混胶结束后，可通过__________判断混胶是否均匀。

（9）当密封胶的厚度（嵌入深度）控制在接缝宽度的__________倍且不小于__________mm 时，防水效果较佳且较为经济。

2．思考题

（1）简述单组分与双组分密封胶的区别。

（2）简述外墙拼缝打胶的基本流程。

参考文献

[1] 住房和城乡建设部住宅产业化促进中心．大力推广装配式建筑必读——制度·政策·国内外发展[M]．北京：中国建筑工业出版社，2016.